# 身边常见的
# 970 种
# 花卉
## 识别速查图鉴

[日] 金田初代　著

[日] 金田洋一郎　摄影

夏　雨　译

机械工业出版社
CHINA MACHINE PRESS

**卷首语**

每年都有大量的园艺新品种出现，再加上从国外引进的新品种，初次见到的花卉或不知道名字的花卉越来越多。花卉的名称也多种多样，包括学名、俗名、商品名、品种名等，很多人无法"对号入座"。本书将向您介绍目前市场上能见到的约970种花卉植物，并配有约1000张图片和详细解说。在花店门口看到的，或者是在邻居家花园里看到的不知道名字的花卉，应该都能在本书中找到。

通过按颜色和季节排列的"花卉彩图目录"，可以按照花卉的颜色、盛开的季节来寻找。另外，在本书最后的索引中，除标题列出的花名外，还收录了正文中记载的英文名、通用名等，希望能帮助读者找到想认识的花卉。

## 目 录

PART ❶

春 季的花

花韭

PART ❷

夏 季的花

碧冬茄

PART ❸

秋·冬 季的花

三色堇

PART ❹

全年 的花

六出花

＊分为春季（3～5月）、夏季（6～8月）、秋冬季（9月～第二年2月）、全年（1～12月），"全年"中包含一年四季都可欣赏叶片的观叶植物、经常作为鲜切花在市场上流通的植物等。

# 关于植物的基础知识

## 花的结构

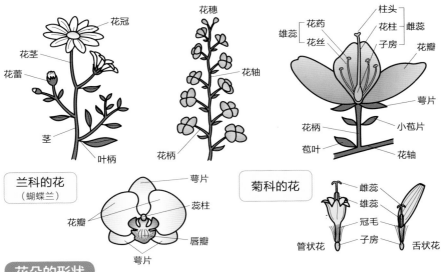

花冠
花茎
花蕾
茎
叶柄

花穗
花轴
花柄

雄蕊 { 花药 花丝 }
柱头
花柱 } 雌蕊
子房
花瓣
萼片
花柄
小苞片
苞叶
花轴

兰科的花（蝴蝶兰）
萼片
蕊柱
花瓣
唇瓣
萼片

菊科的花
雌蕊
雄蕊
冠毛
子房
管状花
舌状花

## 花朵的形状

上唇瓣
下唇瓣
花筒

漏斗形（牵牛花等）
高脚碟形（天蓝绣球等）
唇形（一串红等）
钟形（风铃草等）
壶形（铃兰等）
蝶形（香豌豆等）

## 主要的养护方法

**摘花**

通过摘除开完的花，可以防止植株因结实而长势变弱，还可以抑制疾病的发生。

**修剪**

在花谢后或形状不整齐时，把茎剪去 1/3~1/2，新的枝条长出后会再次开花。

**摘心**

摘去枝条或茎的顶端，腋芽就会生长，枝条数增加，还会开出更多的花。此外，还可以控制植株的高度。

# 花卉彩图目录

## 按 颜色 和 季节 排列

　　将本书中提到的花卉按颜色分类，并按该花最常盛开的季节排序，读者便可以通过颜色、季节来查找喜爱的花卉。观叶植物和观果植物则单独介绍。

- 照片右下角的数字是介绍该花的页码　　● ● ● ● ：花卉的主要花色
- 叶 ● ◖◗ 和果实 ● ◖ ：叶片和果实的主要颜色

---

**花卉颜色**

# 红色
### RED

春

朱顶红　36

假昙花　39

虎耳草　61

澳洲沙漠豆　61

---

银桦属　63

酒杯兰　67

鲸鱼花　69

绛三叶　81

魔杖花　82

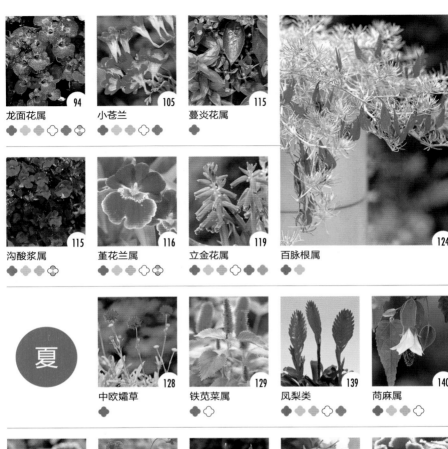
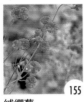

秋·冬

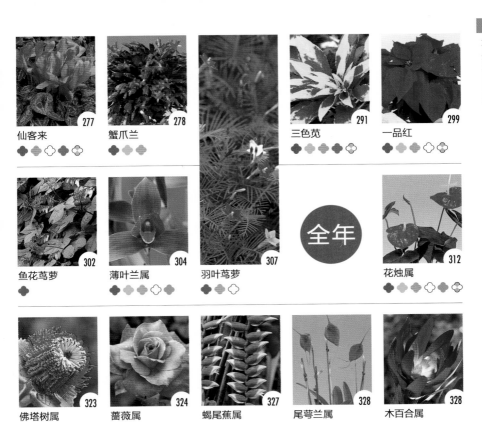

花卉颜色

# 黄色·橙色

## YELLOW · ORANGE

春

112
罂粟属
●●●○●

122
沼沫花属
●○

夏

133
马利筋属
●●●○

138
单药花属
●●●

141
黄蝉属
●●

143
羽衣草属
●

144
哨兵花属
●○●

144
假面花属
●●○

147
茴香
●

147
水金英属
●

149
芒毛苣苔属
●○

152
独尾草属
●○○

155
勋章菊属
●●●○○

163
金仗球属
●

159
红娘花属
●●○○

160
意大利永久花
●○

161
美人蕉属
●●●○○

162
旱金莲属
●●●●○

165
唐菖蒲属
●●○●○●

169
雄黄兰属
●

170
十字爵床属
●

174
萍蓬草属
●

## 秋·冬

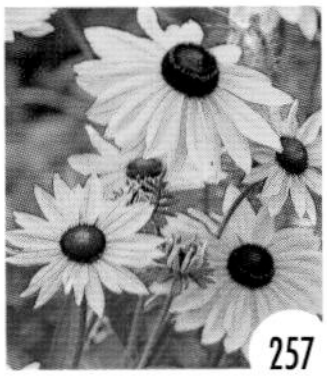


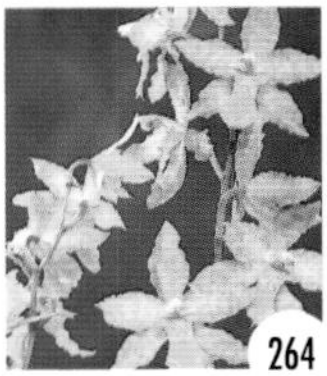


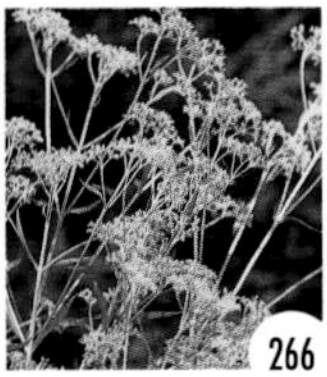


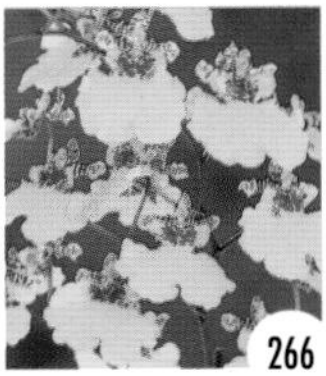


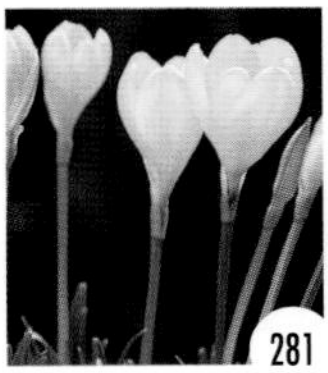


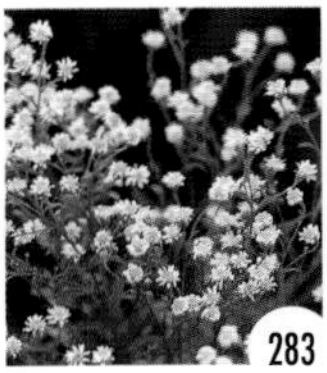


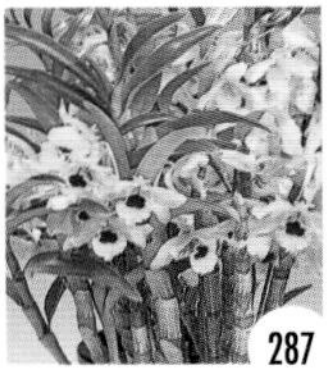


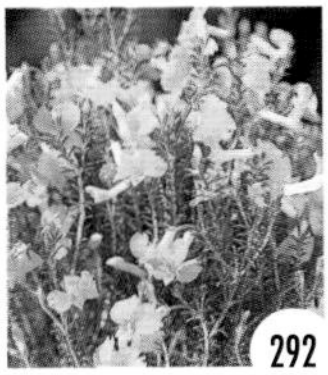


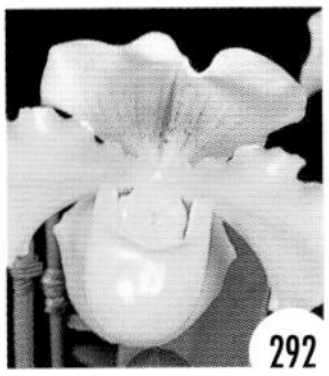


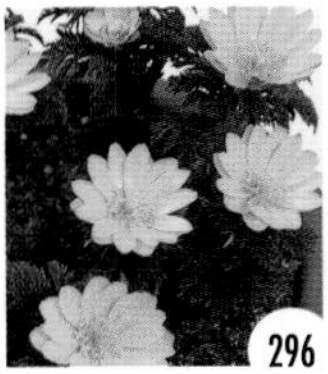


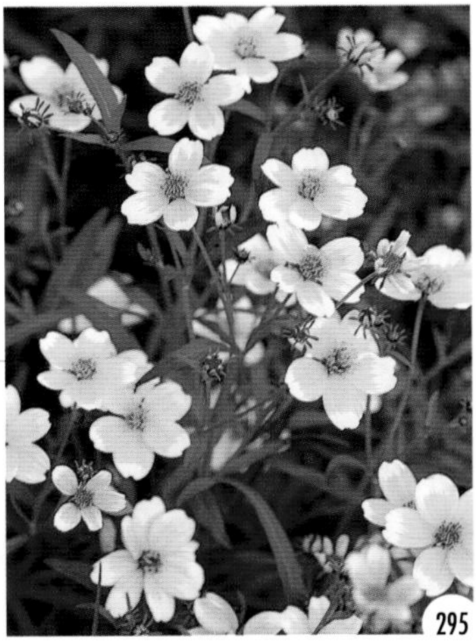


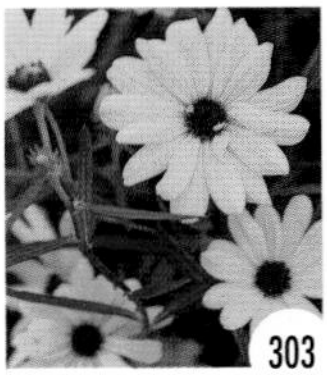


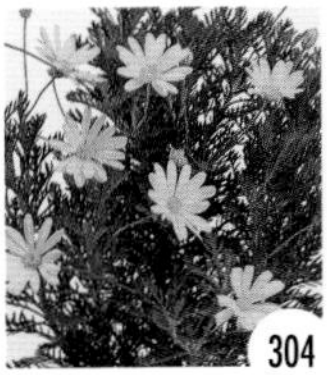


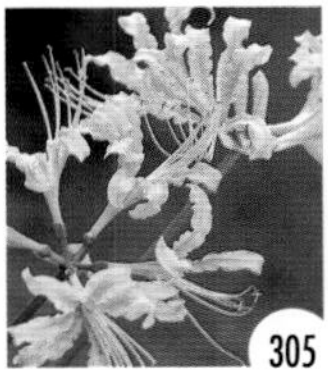


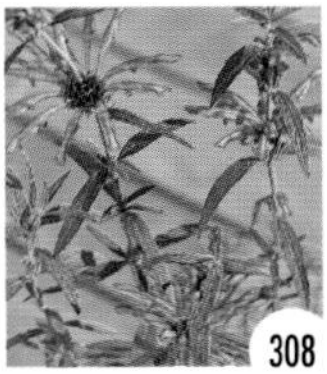


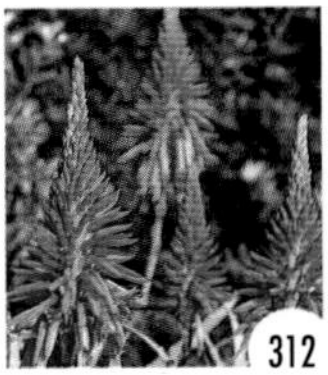


## 全年

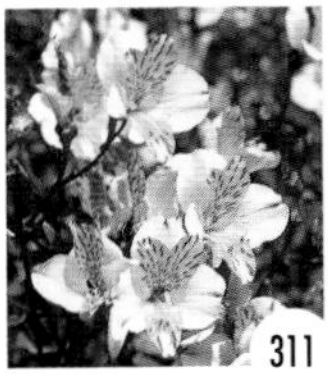


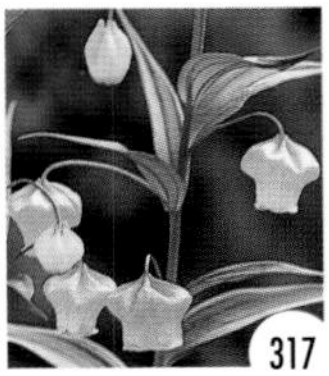


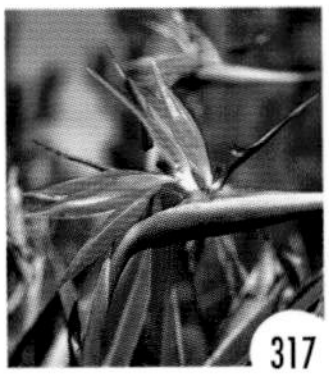


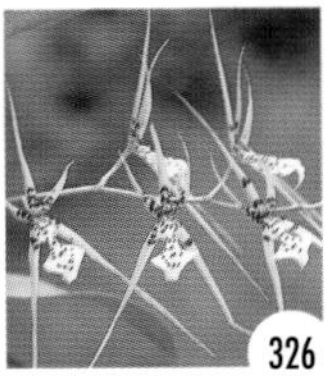

花卉颜色
# 粉色
PINK

春

30
车叶梅

30
麦仙翁

32
杜鹃花

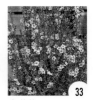
33
束蕊梅

34
红金梅草属

37
南非葵属

38
海石竹属

39
小鸢尾属

40
屈曲花属

48
康乃馨

49
大丁草属

54
袋鼠脚爪

57
松红梅

59
金鱼草

60
孔雀仙人掌

62
久留米杜鹃

63
桃色蒲公英

69
荷包牡丹

| | | | | |
|---|---|---|---|---|
| 70 | 70 | 71 | 72 | 73 |
| 蛾蝶花 | 瓜叶菊 | 针叶天蓝绣球 | 粉花绣线菊 | 芍药 |

| | | | | |
|---|---|---|---|---|
| 74 | 75 | 78 | 80 | 84 |
| 白及 | 蝇子草属 | 香豌豆 | 紫罗兰属 | 天竺葵属 |

| | | | |
|---|---|---|---|
| 88 | | 89 | 90 |
| 石竹属 | | 郁金香 | 丝鸾花属 |

| | | | |
|---|---|---|---|
| 92 | 95 | 99 | 100 |
| 蓟 | 涩荠属 | 剪秋罗 | 岩白菜属 |

| | | | | |
|---|---|---|---|---|
| 101 | 102 | 108 | 110 | 111 |
| 倒挂金钟 | 报春花属 | 木薄荷属 | 家天竺葵 | 牡丹 |

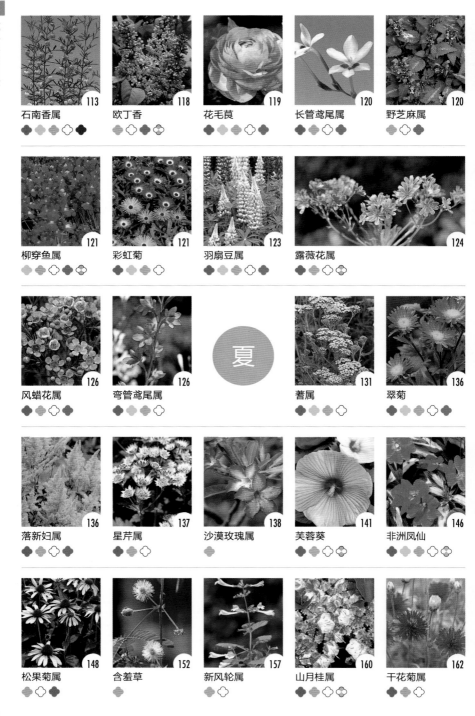

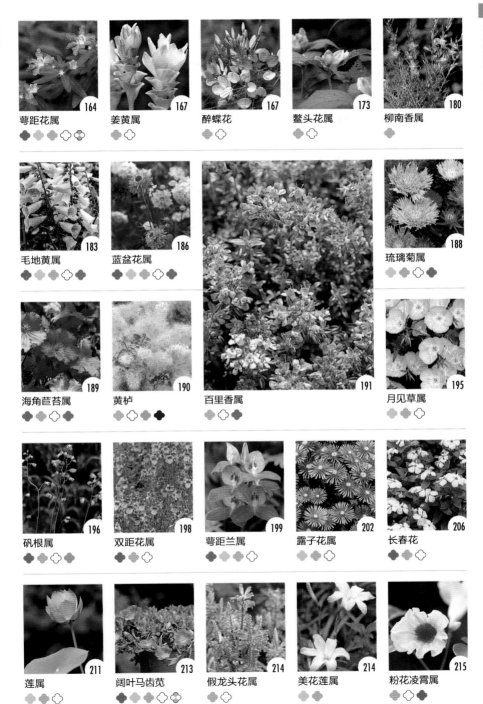

秋·冬

| | | | | |
|---|---|---|---|---|
| **268** 伽蓝菜属 | | **269** 帚石楠 | **273** 钟南香属 | **274** 秋水仙属 |
| **275** 秋英属 | **279** 秋海棠 | **279** 秋明菊 | **280** 大花蕙兰 | **286** 紫娇花属 |
| **289** 蒜香藤 | **289** 纳丽花属 | **293** 叶牡丹 | **297** 白头婆 | **297** 寒丁子属 |
| **298** 号筒花 | **299** 八宝 | **301** 地风信子 | | **301** 圆扇八宝 |

**307** 滇丁香属

全年

**313** 缕丝花

**323** 草原烽火针垫花

**327** 海神花属

17

花卉颜色

# 白色
## WHITE

春

44
飞蓬属

46
虎眼万年青属

51
蝴蝶百合属

72
沙斯塔雏菊

76
香雪球

77
水仙

79
铃兰

82
雪片莲

83
卷耳属

92
雏菊

96
多花素馨

101
蚁播花属

114
玛格丽特

122
白棒莲属

125
野草莓

夏

151
木曼陀罗属

153
栀子属

154
山桃草属

凤梨百合属

大戟属

百合

月光花属

兔尾草属

秋·冬

彩眼花属

南美水仙

阿梅兰属

酢浆草属

菊

东方圣诞玫瑰

千里香

雪滴花属

千里光属

贝母兰属

大文字草

足柱兰属

蒲苇属

蝴蝶兰

全年

山姜属

彩色海芋

白鹤芋属

阿米芹

花卉颜色

# 蓝色·紫色
## BLUE · PURPLE

春

 32
藿香蓟属

 34
琉璃繁缕属

 35
欧洲银莲花

 40
鸢尾蒜

 41
蓝蓟属

 45
尖瓣藤属

 47
脐果草属

 50
燕子花

 52
风铃草属

 55
玉簪属

 56
球根鸢尾

 58
吉莉草属

 64
铁线莲属

 74
绵枣儿属

 66
番红花属

 68
老鹳草属

 71
倒提壶

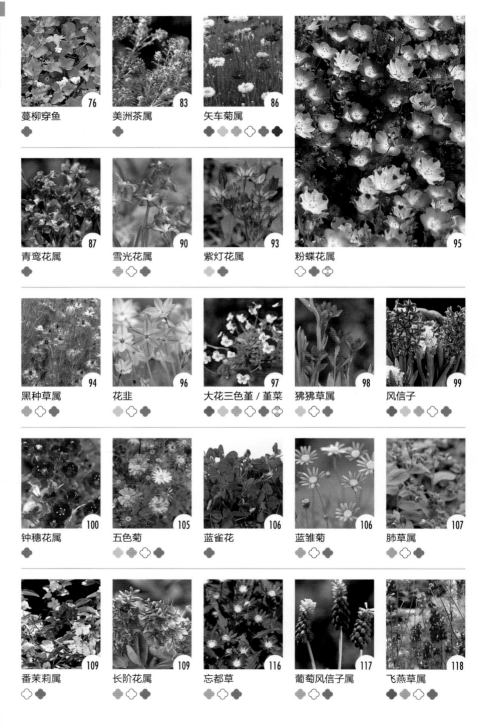

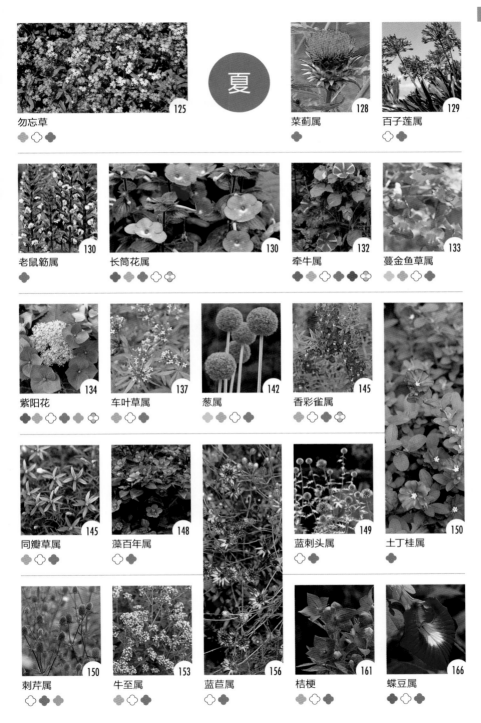

夏

勿忘草 125

菜蓟属 128

百子莲属 129

老鼠簕属 130

长筒花属 130

牵牛属 132

蔓金鱼草属 133

紫阳花 134

车叶草属 137

葱属 142

香彩雀属 145

同瓣草属 145

藻百年属 148

蓝刺头属 149

土丁桂属 150

刺芹属 150

牛至属 153

蓝苣属 156

桔梗 161

蝶豆属 166

蓝雪花属
173

旋花属
177

千日红属
191

蔓长春花属
196

假连翘属
200

翠雀属
201

蝴蝶草属
204

赛亚麻属
205

假茄属
207

花菖蒲
212

蓝扇花
223

婆婆纳属
234

白花丹属
224

蓝英花
224

天芥菜属
231

凤眼莲
237

梭鱼草属
238

千屈菜
243

紫露草
244

绿绒蒿属
245

夕雾
248

秋·冬

254 薰衣草属 ●◇●●

258 半边莲属 ●◇

264 喜沙木属 ●●●

269 狨属 ●◇●

288 乌头属 ◇●◇

276 泊芙蓝 ●

276 紫菀 ●

284 茄属（琉球柳）◇●

290 蒂牡花属 ●◇◇

291 一叶豆 ●◇●

294 万代兰 ●●●◇●

298 蓝金花 ●

300 油点草属 ●●●◇●

302 肖鸢尾属 ●

303 友禅菊 ●●●◇●

306 龙胆 ●●◇●

全年

318 补血草属 ●●●◇●

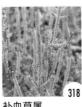

319 非洲堇属 ●●●◇◇

322 洋桔梗 ●●●◇●

329 迷迭香 ●●●

花卉颜色

# 其他
## OTHER COLORS

夏　夏　秋·冬　秋·冬

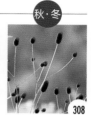

156　185　278　308

香蒲属　德国鸢尾　轭瓣兰　地榆

---

# 叶 / 果实

春

55　125

玉簪属　野草莓

叶 花　果实 花

夏

143

莲子草属

叶 花

158　174　175　180

五彩芋属　沙冰藜　鞘蕊花属　瓶子草属

叶　叶　叶　叶 花

185
莎草属
叶 ◖◗

201
虎掌藤属
叶 ●●◗

220
倒地铃
果实 ◗

237
酸浆
果实 ◗

247
贝壳花属
叶 ◖◗

秋·冬

221
钝钉头果
果实 ● 花 ◯

269
帚石楠
叶 ● 花 ◯◯◯

274
五色椒
果实 ●◗◗

284
茄属（珊瑚樱）
果实 ●●◖ 花 ◯◯

全年

295
火棘属
果实 ●●

200
假连翘属
叶 ◗ 花 ◯◯

310
莲花掌属
叶 ●◖◗

310
山姜属
叶 ◖◗ 花 ●◖●◯

312
芦荟属
叶 ◖◗ 花 ◆

315
燕子掌
叶 ●◗

315
泽米铁属
叶 ●

316
仙人掌类
叶 ●

320
景天属
叶 ●◖◗

321
银叶菊
叶 ●

321
铁兰属
叶 ●◖◗

322
麻兰属
叶 ●●◗

326
羊茅属
叶 ◖

329
迷迭香
叶 ● 花 ◆◯◯

# 本书的特点和使用方法

**花名（植物名）**

现在，花卉有属名、商品名等多种名称，本书标题中使用的名称与园艺商店等使用的常用名称一致。

**花色（叶片颜色、果实颜色）**

表示主要的颜色。◆表示红色，还有◆（黄色·橙色）◆（粉色）◇（白色）◆（蓝色·紫色）◆（绿色）◆（浅蓝色）◆（灰色·银色）◆（褐色）◆（复色，包括镶边和斑点等）。除花色外，还有叶片◆和果实◆的颜色。

## 风信子 ◆◆◇◇◇
*Hyacinthus*

| 风信子科 / 耐寒性秋种球根植物 | 别名：洋水仙 | 花语：胜负、游戏 |

原产地：希腊、土耳其、叙利亚
花　期：3~4月　　上市时间：9月~第二年4月
用　途：盆栽、地栽、鲜切花、水培

从长长的肉质叶片中间长出的粗壮花茎上开满了气味香甜的穗状花朵。有单瓣和重瓣品种，花色也很丰富。在室内可以欣赏鲜切花和水培花卉。

**养护** 若想在室内欣赏开放的花朵，应在移至室内前，让其经受一定程度的冷处理。

风信子

风信子"冬青"

**学名**

每种花都有世界通用的学名，如果知道国际命名法规所规定的学名，在任何地方都能交流花卉的话题。在本书标题中只显示属名，必要时在说明中用属名＋种加词＋品种名表示。由于篇幅有限，文中有可能出现省略属名，只使用种加词或品种名的情况。

| | |
|---|---|
| **科名** | 花卉所属科的名称。 |

**园艺分类和基本性质**

| | |
|---|---|
| **【耐寒性】** | 能承受低温，可放置在户外。 |
| **【半耐寒性】** | 只要不受霜冻或强寒天气的影响，便可放在屋檐下或朝南的阳台上越冬。 |
| **【不耐寒性】** | 不能承受低温。冬季需要放置在温暖的室内。 |
| **【春种】** | 春季播种，夏季至秋季开花。 |
| **【秋种】** | 秋季播种，第二年春季至夏季开花。 |
| **【一年生草本】** | 播种后，一年以内开花结果并枯死的草本植物。 |
| **【二年生草本】** | 发芽后，当年不开花，第二年开花结果的草本植物。 |
| **【多年生草本】** | 能生活2年以上，根、芽、茎或叶残留，每年又长出新芽的草本植物。 |
| **【球根】** | 有的多年生草本花卉的地下部分膨大，呈球状或块状。 |
| 别名 | 除标题的花名外经常使用的名称。 |
| 花语 | 根据植物的生存环境和生长情况而来的神话或传说，主要以在英国发表的说法为主。 |

| | |
|---|---|
| **原产地** | 原种被发现的地方。 |
| **花期** | 花卉在自然状态下开放的时期。（观叶植物则使用"观赏期"） |
| **上市时期** | 盆栽和幼苗上市的时期。在园艺商店销售的盆栽一般是促成栽培的，与自然生长情况下花卉的开花季节有很大差异。 |
| **用途** | 花卉的使用方法，如盆栽（包括所有容器类栽培）、地栽（在花坛或庭院等处种植）、鲜切花（叶材）、地被植物、岩石花园、垂吊盆栽等。根据花卉的适合度顺序排列。 |
| **特点** | 介绍植株高度、花朵大小、相关话题、属名的由来等。 |
| **养护** | 花卉的放置地点、浇水方式、越冬方法等，以盆栽养护为重点。 |

※ 在本书未明确标注的情况下，书中内容均以截至2013年12月2日的信息为根据。

# 春季的花

## 春 季的花
### SPRING

# 车叶梅 ◐ ♡

*Bauer*

火把树科／半耐寒性低矮常绿灌木　　别名：**鲍氏木**

爱之簪（*Bauera rubioides*）

原产地：澳大利亚东南部
花　期：3~5 月　　上市时间：2~5 月
用　途：盆栽

**特点**　在细长枝条上盛开着许多惹人怜爱的深粉色花朵，陆续开放到初夏时节，和欧石楠长得有些相似。高约 30 厘米的盆栽一般使用"爱之簪"的通称。

**养护**　春秋两季放在室外，夏季移至通风良好的避雨半阴处。车叶梅不耐干旱，盆土一干就要浇充足的水。冬季要放在室内靠近明亮窗户的地方，防止受冻。细心摘花，花后修剪、整理花枝。

# 麦仙翁 ◐ ♡

*Agrostemm*

石竹科／耐寒性秋种一年生草本植物　　别名：**麦抚子、麦毒草、田冠草**

原产地：欧洲、高加索地区、亚洲
花　期：5~7 月　　上市时间：5~6 月
用　途：地栽、盆栽、鲜切花

**特点**　茎细长，叶呈线形，长 60~90 厘米。开 5 瓣粉红色的花，花瓣上有筋斗状的斑点，花瓣尖端向后弯曲，植株整体有一种云淡风轻的气质。属名来源于拉丁语的"田"和"王冠"，意为在田地里美丽地盛开，但在欧洲一般被视为麦田里的杂草，是一种有害的植物。在日本被用于鲜切花和装饰花坛。

**养护**　在阳光充足的环境下生长良好，掉落在地面的种子也能萌发生长。长高的植株容易倾倒，最好搭花架。把凋谢的花朵仔细摘掉，能享受更长的花期。

麦仙翁

# 耧斗菜 ◆◆◇◇◆◆◇

毛茛科／耐寒性多年生草本植物、春种一年生草本植物　　别名：苎环、西洋苎环

杂种耧斗菜

加拿大耧斗菜

欧耧斗菜 "Black barlow"

原产地：欧洲中部、亚洲温带地区、北美洲
花　期：5~6月　　上市时间：1~5月
用　途：盆栽、地栽、鲜切花

**特点**　耧斗菜在日本自古就有，很受大家的喜爱，但现在市面上的主要是欧美品种的改良品种，高约 90 厘米，萼片看起来像花瓣，内瓣各有 5 片花瓣，很多都有长长的花穗。有很多花瓣和萼片同色或多色的品种，也有没有花距的重瓣品种。花朵直径达 6~7 厘米的杂种耧斗菜是鲜切花的优质品种。

**养护**　花期结束前放置在通风良好的户外，盆土表面干燥时浇水。

洋牡丹

# 藿香蓟属 ✿ ♢ ◆

*Ageratum*

菊科／不耐寒性多年生草本植物、春种一年生草本植物　　别名：**胜红蓟、熊耳草**

原产地：墨西哥、美洲热带地区
花　期：4~10月　　上市时间：2~9月
用　途：盆栽、地栽、鲜切花

**特点**　密密麻麻的蓝紫色、粉色、白色花朵能
陆续开到初秋。藿香蓟属是一个矮小的丰产品
种，其紧凑型品种常作为盆花出现。属名来源
于希腊语，意为"永不褪色"，
因为其花的颜色不会褪色。

**养护**　光线不足则不能顺利
结出花蕾。若放置在阳光充
足的户外，初夏修剪一半后，
秋季又会再次开花。

藿香蓟　　　　　　　　　　　藿香蓟（白花）

# 杜鹃花 ◆ ◆ ♢ ✿

*Rhododendron*

杜鹃花科／半耐寒性常绿灌木　　别名：**西洋杜鹃花**　　花语：**节制**

原产地：中国、日本
花　期：4~5月　　上市时间：8月~第二年4月
用　途：盆栽

**特点**　日本和中国的杜鹃花在欧洲被改良为盆
栽品种，大多是大朵的重瓣花，颜色丰富鲜艳，
有粉色、红色、白色、混合色、
镶边等花色。虽然原本是春季开
花，但开花的植株一般在晚秋上
市，作为装饰冬春季节室内的华
丽盆栽而受欢迎。

**养护**　放置在光照好的窗边或阳
台，避免受冻。盆土表面干燥时
充分浇水。

上／杜鹃花 "Leopold"
右／杜鹃花 "Nicorette"

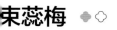

# 束蕊梅 🌸◇

桃金娘科／常绿灌木

原产地：**澳大利亚西部**
花　期：4~5 月　　上市时间：2~4 月
用　途：盆栽、鲜切花、地栽

**特点**　高 1~1.5 米。细长的枝条上长着松针一样的叶片，枝头开满了像梅花那样直径为厘米左右的 5 瓣花。之前以鲜切花为主，但是最近也有早春上市的盆栽。属名来源于希腊神话里象征丰饶的女神阿斯塔蒂。

**养护**　春秋季节放置在日照和通风良好的户外，夏季移至半阴处。晚秋时移入室内，放置在明亮的窗边，温度保持在 5℃以上。开花后修剪 1/3 左右，然后重新栽种。

束蕊梅（*Astartea fascicularis*）

# 金币花 ✿

菊科／耐寒性多年生草本植物

原产地：**加那利群岛至希腊**
花　期：4~6 月　　上市时间：3~4 月
用　途：盆栽、地栽

**特点**　匙形的叶片互生，直径约为 4 厘米的稍大的金黄色花朵开在 20~30 厘米高的小型植株上。茎叶有短毛、瘤状的外观。品种名有"金币""金元""金球"等。

**养护**　不喜高温高湿，所以夏季应搬到阴凉、通风良好、无雨的地方。在花期结束后，将其修剪后再重新种植。

金币花"金币"

# 红金梅草属 ❀ ● ❁ ❁

*Rhodohypoxi*

仙茅科／半耐寒性春种球根植物　　别名：**樱茅**

原产地：南非
花　期：4~6 月　　上市时间：1~5 月
用　途：盆栽、地栽、岩石花园

**特点**　从短叶间长出的茎上陆续开出漂亮的粉色、白色和红色的 6 瓣花，花的直径为 1.5~2 厘米，看不到极短的雄蕊和雌蕊。有很多大花和重瓣品种可供选择。

**养护**　开花的植株可放置在日照良好的室内，但其不耐高温，所以开花后需要移至户外的半阴处。在叶片开始枯萎后，连盆晾干。

红金梅草（开红花和白花的大花品种）

重瓣红金梅草

# 琉璃繁缕属 ● ●

*Anagalli*

报春花科／半耐寒性常绿多年生草本植物　　别名：**繁缕、海绿**

原产地：葡萄牙至西班牙
花　期：5~7 月　　上市时间：3~6 月
用　途：盆栽、地栽

**特点**　在日本的伊豆群岛、纪伊半岛、四国、九州、南势岛的海岸附近有发现其野生品种。花茎斜长 10~50 厘米，其上会开出大片鲜艳的蓝色和橙色的 5 瓣花。

**养护**　喜好阳光，所以应放在阳光充足的地方。夏季应移到通风的半阴处，开花后修剪掉一半，秋季又会开花。

琉璃繁缕"天巡者"

琉璃繁缕·大田玫瑰"伤痕"

# 欧洲银莲花

*Anemone*

春

毛茛科／耐寒性秋种球根植物　　别名：毛蕊莨莲花、冠状银莲花

欧洲银莲花"德卡恩"

欧洲银莲花"蒙娜丽莎"

欧洲银莲花"福尔根斯"

原产地：地中海沿岸
花　期：2~5月　　上市时间：11月~第二年4月
用　途：盆栽、地栽、岩石花园

**特点**　一般指欧洲银莲花这类园艺品种。据说从古希腊时期就已经开始栽种了，它和郁金香都因为在整个春季陆续开出五颜六色的花朵而受到全世界的欢迎。植株高30~40厘米，在粗壮的茎上开着一朵朵单瓣、半重瓣、重瓣的花朵。福尔根斯⊖和有野草风味的盆栽种都是人气品种。

**养护**　尽量放在室外阳光下，因为在阳光不充足的情况下不会开花。故盆土表面干燥时就要浇水。当花开完后，从植株根部剪去茎部。

希腊银莲花

⊖　花萼形似花瓣，花朵的中心是雄蕊，就像菊科植物的丁字花形一样。

# 朱顶红 ◆◆◆◇◈

*Hippeastrum×hybridum*

石蒜科／半耐寒性春种球根植物　　别名：红花莲　　花语：骄傲

朱顶红"红狮（Redlion）"

原产地：**中美洲、南美洲**
花　期：5~6 月　　上市时间：几乎全年
用　途：**盆栽、地栽、鲜切花**

**特点**　从球根上长出的粗大花茎的顶端有 2~4 朵大而华丽的花朵，侧向开放。有花朵直径可以达到 20 厘米以上的品种；还有直接从荷兰进口的盆栽，只要浇水就能轻松开花，很受欢迎。原种的朱顶花会在秋季开出中等大小的粉色花朵。

白肋朱顶红

**养护**　放置在温暖、阳光充足的地方。开花期间，当盆土表面干燥时就要浇水。夏季，要将植株移到通风、避雨的半阴处；当叶片开始枯萎时，要放在不受冻的地方。

上／朱顶红"帕萨迪纳"
右／朱顶红"柠檬酸橙"

# 南非葵属 🌸

锦葵科／半耐寒性多年生草本植物　　别名：**迷你芙蓉**　　花语：**温和而又敏感**

原产地：南非
花　期：4~6 月　　上市时间：6~7 月、9 月
用　途：盆栽

**特点**　树状硬茎高约 1 米，从顶端叶片侧面的缝隙中开出可爱的花朵。直径约为 2 厘米的粉紫色 5 瓣花在早晨开放，傍晚凋谢。"圣雷莫皇后"经常作为盆栽在市面上流通。

**养护**　光照条件不好时，很难开花，所以最好放置在光照好的地方。盆土表面干燥时要浇水。冬季放置在室内光线明亮的窗边，越冬时要控制浇水量。

小木槿
"圣雷莫皇后（San remo queen）"

---

# 庭荠属 🌸🌸🌼

*Alyssum*

十字花科／耐寒性常绿多年生草本植物　　别名：**金粉**　　花语：**胜过无价的美**

原产地：地中海沿岸
花　期：2~4 月　　上市时间：1~6 月
用　途：盆栽、岩石花园、垂吊盆栽

**特点**　有很多人知道这种花的英文名"Gold dust"。金庭荠有浓郁的香气，开深黄色的小花，经常用于岩石花园。山庭荠的茎向四周伸展，开放的柠檬黄小花会散发香气。

**养护**　尽量放在室外的阳光下。它不耐高温高湿，所以夏季应移至可避雨的半阴处。开花后适当修剪。

金庭荠

山庭荠"黄金山峰"

# 蓝目菊 ◆◆○ *Arctotis*

菊科／不耐寒性多年生草本植物、秋种一年生草本植物　　别名：大花蓝目菊、非洲雏菊

原产地：南非
花　期：4~6月　　上市时间：4~5月
用　途：盆栽、地栽、鲜切花

**特点**　一种较大的草本植物，高50~70厘米，上面覆盖着灰白色的茸毛。茎很长，顶端有一朵黄色、橙色或奶油色等类似格桑花形状的花，直径约为10厘米，白天开放，晚上或阴天闭合。在日本出现的大部分都是杂交种，如蓝目菊等是与凉菊的杂交种。

**养护**　光照不足则不会开花，因此应放置在阳光充足的户外。浇水过多会使植株徒长，所以要在盆土表面干燥后再浇水。从花茎根部进行修剪。

杂交种蓝目菊"画框"（橙色）和"红酒"

# 海石竹属 ◆◆○ *Armeria*

白花丹科／耐寒性多年生草本植物　　别名：滨簪　　花语：关怀、同情

原产地：北非、欧洲中部、西亚、千岛群岛、智利
花　期：3~4月　　上市时间：11月~第二年4月
用　途：盆栽、地栽、岩石花园、鲜切花

**特点**　细叶植物，长出许多长长的花茎，结出圆发簪状的花序，顶端开着深粉色或白色的小花。常见于3~4月，品种有高约20厘米的矮性种海石竹，5~6月盛开大花的高30~60厘米的高性种宽叶海石竹等。

**养护**　不耐高温、潮湿，所以夏季应将其移至阴凉、通风良好的地方，远离雨淋和西晒。植物长得过大时会枯萎，秋季需要分株。

海石竹

# 假昙花 ❀❀

仙人掌科／半耐寒性多肉植物　　别名：**垂花掌**　　花语：**恋爱时代**

假昙花"红星（Redstar）"

原产地：巴西
花　期：4~5月　　上市时间：2~4月
用　途：盆栽

（**特点**）假昙花属于仙人掌科，原生长在巴西的岩石地上，在复活节前后开花，所以英文名的意思是"复活节仙人掌"。在扁平的叶状茎叶顶端开有 1~3 朵红色或粉红色的花，与蟹爪兰相似，但它开花时间晚，花呈星形，没有细长的花管。

（**养护**）开花时放在日照好的窗边，但不喜强光和过高的湿度，所以夏季应该把它移到半阴处。冬季应放在室内可以沐浴到透过玻璃窗的阳光的地方，温度应保持在 5℃ 以上。

# 小鸢尾属 ❀❀❀❀✿❀❀

*Ixia*

鸢尾科／半耐寒性秋种球根植物　　别名：**枪水仙**　　花语：**我们要团结一致**

多穗谷鸢尾

原产地：南非
花　期：4~5月　　上市时间：2~4月
用　途：盆栽、地栽、鲜切花

绿松石小鸢尾

（**特点**）娇艳的 6 瓣花开在细铁丝般的茎上，晚上闭合的花蕾会在阳光下开放。花色丰富，很多品种花的底部有暗红色或紫褐色的斑点花纹。

（**养护**）较不耐寒，所以要放在阳光充足、无霜的地方，盆土表面干燥时浇水。在花期结束、叶片枯萎后，把球茎挖出来，干燥条件下保存。

# 鸢尾蒜 ✿

*Ixiolirion*

石蒜科／半耐寒性秋种球根植物　　别名：居里胡子

鸢尾蒜

原产地：中亚
花　期：5~6月　　上市时间：8~11月
用　途：盆栽、地栽、鲜切花

**特点**　植株高 40~50 厘米。茎叶像小鸢尾，花朵像百合，会在略显萧条的状态下开出亮蓝色和浅紫色的花朵。花朵不断开放，持续 1 周以上。由于花能保持一定时间，所以也作为鲜切花上市，但如果不受日照，便不能产生深花色。

**养护**　具有耐寒性，可于地面种植。如果在 1 棵落叶树下种 10 株，会长出很多花茎，开花时更具观赏性。盆栽在开花期间应放置在阳光下；花期结束后叶片枯萎便进入休眠状态，此时应移至阴凉处，到秋季都应保持干燥状态。

# 屈曲花属 ✿✿✿❀✿

*Iberis*

十字花科／半耐寒性秋种一年生草本植物、多年生草本植物　　别名：蜂室花、弯曲花

原产地：北非、欧洲南部、西亚
花　期：4~6月　　上市时间：3~5月
用　途：盆栽、地栽、鲜切花

**特点**　粉红、紫红等色彩丰富的伞形蜂蜜花，多年生草本、常绿的屈曲花，盛开时散发香气、糕点般的白色 4 瓣蜂室花等，种植在花坛或盆栽里都十分美观。

**养护**　地栽要选择日照充足、排水良好的地方。盆栽要放置在避雨、日照充足的户外，控水培育。

上／伞形蜂蜜花（*Iberis umbellata*）
左／常绿屈曲花

# 桂竹香

十字花科／耐寒性多年生草本植物、春种二年生草本植物　　别名：**黄紫罗兰、糖芥**

原产地：欧洲南部
花　期：4~6月　　上市时间：2~5月
用　途：盆栽、地栽

**特点**　在原产地生长在老土墙的缝隙中，因而得名"Wallflower（壁花）"。在日本，因为和紫罗兰的香气相似，也被称为"香紫罗兰"。

**养护**　放置在日照良好的地方。夏季放置在避雨、通风良好的地方；开花后剪枝，冬季放置在避开冰霜的走廊等地方。

桂竹香"君王淑女（Monarch fair lady）"

桂竹香"金粉（Gold dust）"

# 蓝蓟属

紫草科／耐寒性春至秋种一二年生草本植物、灌木　　别名：**宝石塔**

原产地：欧洲
花　期：5~7月　　上市时间：4~6月
用　途：盆栽、地栽

**特点**　本属植物包括开白色、粉色、蓝色、蓝紫色钟形花的矮性种"蓝床（Blue bedder）"，作为香料而被人熟知的蓝蓟，以及灌木状、结出蓝色大花穗的亮毛蓝蓟。

**养护**　喜好阳光。夏季应移到通风良好的半阴处；冬季应放在无霜的屋檐下或阳台上，用落叶等覆盖。

上／车前叶蓝蓟"蓝床（Blue bedder）"
右／蓝蓟

# 金雀儿属 ●●●○❀

*Cytisus*

豆科／耐寒性落叶灌木　　別名：**金雀花**　　花语：**谦逊、干净、优雅**

金雀花

白花金雀枝

小金雀花

红脸金雀花

原产地：欧洲中部、西部

花　期：3~5 月　　上市时间：2~5 月、9~11 月

用　途：地栽、盆栽、鲜切花

**特点**　金黄色的蝴蝶状花朵顺着柔韧的扫帚状枝条层叠开放。除黄中透红的红脸金雀花之外，还有许多花色各异的品种，如白花金雀枝等。矮性种的小金雀花是很受欢迎的盆栽品种，从早春开始就可以在园艺商店里买到。在日本关东以西的温暖地区地栽的金雀花可以长到 2 米高。

**养护**　地栽时需要选择排水良好、阳光充足、避开强风的地方。盆栽应放在阳光充足的地方，在盆土表面干燥时再浇水。

# 虾脊兰属 海老根

兰科／耐寒性多年生草本植物

Calanthe（Cal.）

春

黄虾脊兰

虾脊兰

原产地：日本（北海道南部至九州）
花　期：4~5月　　上市时间：10月~第二年8月
用　途：盆栽、地栽

**特点**　原产于日本的野生兰花，属名 Calanthe 在希腊语中意为"美丽的花"，其地下的球茎与虾的尾巴相似，所以日本人将其命名为"海老根"。除了原种的黄虾脊兰、虾脊兰等品种外，现在还有人工杂交培育出的多种颜色、形状漂亮的栽培品种，便于人们欣赏。

**养护**　从春季到秋季，都应将它们摆放在半阴的架子上，让阳光透过树叶等遮挡物照射植株并保持充足的水分。从深秋开始让整盆花接受充足的日照，用落叶盖住，防止冻伤。

香虾脊兰（ Caianthe izu-insuaris ）

# 菟葵属 ◆ ♡

*Eranthis*

毛茛科／耐寒性多年生草本植物　别名：**黄花菟葵、节分草**　花语：**厌世**

西里西亚菟葵

原产地：欧洲至西亚
花　期：4 月　　上市时间：2~4 月
用　途：盆栽、地栽、岩石花园

（**特点**）　属名是希腊语的"春"和"花"的组合，意思是它在春季最早开花。有植株高 5~10 厘米、开靓丽黄花的西里西亚菟葵和冬菟葵等品种。日本菟葵也是其中一员，会在立春前后开出白色的花朵。白色、黄色花瓣状的部分是萼片。

（**养护**）　冬春季节应保持阳光充足，当地上部分枯萎后应停止浇水，并将植株放在阴凉的屋檐下，避免阳光直射和雨淋，保持盆栽干燥。地栽最好选择落叶树下。

# 飞蓬属 ◆ ◆ ♡ ◆

*Erigeron*

菊科／耐寒性多年生草本植物　别名：**西洋东菊、源平嫁菜、源平小菊**

原产地：北美洲
花　期：5~6 月　　上市时间：4~5 月、9 月
用　途：地栽、地被植物、盆栽、鲜切花

（**特点**）　品种有很多，如加勒比飞蓬，因其许多枝条水平展开，次第开出菊花状的小花，所以很适合作为地被植物；还有作为盆栽出售的飞蓬及能长到 1 米高的高性种等，适合用来打造岩石花园和放置在花坛周边。

（**养护**）　栽植在阳光充足、排水良好的地方，雨季前要进行除草，使空气流通良好，防止蒸腾作用过强。盆栽应在春季或秋季补植。

上／加勒比飞蓬
左／飞蓬

# 猪牙花属

*Erythronium*

百合科／耐寒性秋种球根植物　　别名：**西洋猪牙花**　　花语：**嫉妒**

原产地：北美洲
花　期：3~4 月　　上市时间：2~4 月
用　途：盆栽、地栽、鲜切花

（特点）日本原生的猪牙花也是其同属植物，是早春短命植物的代表。早春时节开出百合花般的小花，待到春意盎然时，便在地下休眠。市面上的主要品种为"宝塔"，是一个耐寒性品种，单根茎上开着数朵黄花，此外还有白花品种的"白美人"、深粉色的"粉美人"等。

（养护）在开花前和开花期间将植株放在阳光充足的地方。开花后，将植株移至半阴处，停止浇水，放在盆中晾干。在冬季，要在植株上覆盖一层厚厚的落叶，防止植株受冻。

猪牙花"宝塔"

# 尖瓣藤属

*Tweedia（ = Oxypetalum）*

夹竹桃科／半耐寒性半蔓性常绿亚灌木　　别名：**琉璃唐绵、蓝星花**

原产地：巴西南部至乌拉圭
花　期：5~6 月、9~10 月　　上市时间：5~10 月
用　途：鲜切花、盆栽、地栽

（特点）刚开放的 5 瓣花是浅蓝色的，之后颜色逐渐变深。植株整体有白毛，茎部受损时流出白色汁液。蓝星花是鲜切花的商品名，也有白色和粉色的花朵，可作为盆栽出售。

（养护）最好放在阳光充足、不受雨淋的地方。如果植株变红，表明花期结束，应尽早拔除。

上／天蓝尖瓣木"蓝星花"
右／天蓝尖瓣木"白星花"

# 虎眼万年青属 ●● ◇

*Ornithogalum*

天门冬科／半耐寒或耐寒性秋种球根植物　　别名：大甘菜　　花语：洁白、纯粹

伞花虎眼万年青

白花虎眼万年青

拟锥虎眼万年青

原产地：南非、欧洲、西亚
花　期：3~6 月　　上市时间：3~5 月
用　途：地栽、鲜切花、盆栽

（特点）　伞花虎眼万年青在欧美地区被称为"伯利恒之星"，是一种用于打造花坛、生长强健的品种，白色花瓣内侧长有绿白色的条纹，犹如展开的阳伞。花朵为橙色的小型橙花虎眼万年青、长有引人注目的黑色花蕊的白花虎眼万年青（日文名为"大甘菜"）和长有金字塔形乳白色花朵的拟锥虎眼万年青等主要作为鲜切花出售。

（养护）　需要阳光才能开花，因此要放在阳光充足的地方，当盆土表面干燥时再浇水。不耐寒的拟锥虎眼万年青等在冬季需要防霜冻。

橙花虎眼万年青

# 金莲木属 ❀

金莲木科／非耐寒性常绿灌木　　别名：米老鼠花

原产地：南非
花　期：5~8 月　　上市时间：几乎全年
用　途：盆栽、鲜切花

**特点**　鼠眼木高约 1.5 米，会开出许多柠檬黄色的 5 瓣花。花瓣凋落后，萼片依然存在，由黄绿色变成红色，花朵部分膨大，结出果实，由绿变黑。红色的花萼和黑色的浆果在颜色上的对比非常漂亮，英文名"米老鼠花（Mickey Mouse plants）"便由此而来。

**养护**　从春季至秋季，应将其放在阳光充足的室外，并修剪过长的枝条。冬季放置在室内温暖的窗台上，温度保持在 7℃以上。

鼠眼木的果实　　　　鼠眼木

---

# 脐果草属 ✿ ❀

紫草科／耐寒性多年生草本植物、秋种一年生草本植物

原产地：欧洲、亚洲、墨西哥
花　期：4~6 月　　上市时间：3~4 月
用　途：盆栽、地栽、岩石花园

**特点**　日本原生的山琉璃草是其同属植物。西亚脐果草是多年生植物，开浅紫色的小花。亚麻叶脐果草是一年生植物，花为白色或蓝紫色的梅花状碗形。属名在希腊语中的意思是"肚脐状"，因为凹陷的种子形似肚脐。

**养护**　应放在阳光充足的地方，待盆土表面干燥时充分浇水。植株开花后，移至阴凉的半阴处，避免雨淋。

上／西亚脐果草"明亮眼睛（Starry eyes）"
右／亚麻叶脐果草

# 康乃馨 ◆◆◆◇◆◇

*Dianthus*

石竹科／半耐寒性多年生草本植物　　别名：荷兰石竹、香石竹

康乃馨"蒙德里安"

康乃馨"新水晶"

康乃馨"蓝月亮"

原产地：地中海沿岸
花　　期：4~6 月、9~11 月
上市时间：3~5 月
用　　途：盆栽、鲜切花、地栽

**特点**　康乃馨流行于 5 月的母亲节前后，从古希腊时代就开始栽培，现在的许多康乃馨品种都是与石竹杂交培育而来的。近年来，四季开花⊖的微型品种作为便于养护的盆花很受欢迎。鲜切花有两种类型：一种是标准型，每根茎上有 1 朵大花；另一种是喷雾型，每根分枝的茎上都有花。

**养护**　尽量把它们放在阳光下，避免水分不足。康乃馨不喜高温高湿，所以夏季需放在通风良好的半阴处。花期结束后，将茎剪去一半，还会再次开花。

微型康乃馨"赤子之心（Baby heart）"

---

　⊖ 在原先的开花季节以外还能开花。

# 大丁草属 ◆◆◆◇◆◇

菊科／半耐寒性多年生草本植物　　别名：非洲菊　　花语：神秘、充满光明

盆栽大丁草

原产地：南非
花　期：4~10月　　上市时间：全年
用　途：鲜切花、盆栽、地栽

**特点**　在粗壮的茎端次第开出一朵朵整齐多彩的花，有单瓣、重瓣、半重瓣、丁字花形○之分，作为鲜切花很受欢迎。开出大花的矮性种盆栽产自日本，作为室内盆栽的需求量很大。在日本多雨的气候下，原产品种"超级深红"可以地栽。

**养护**　好强光和干燥。光照不足则无法开花，因此应尽量放置在阳光充足的地方，盆土应保持比较干燥的状态。花期结束后，从花茎根部开始修剪。

大丁草"特弗拉"

大丁草"火山口"

大丁草"超级深红"

○ 菊科等植物的一种花形。管状花发育后，整体呈半球状。

49

# 燕子花 ◆◇◆◇

*Iris*

鸢尾科／耐寒性多年生草本植物　　别名：**平叶鸢尾**　　花语：**带来好运**

燕子花

原产地：西伯利亚、中国、朝鲜半岛、日本
花　期：5 月　　上市时间：3 月、5 月
用　途：盆栽

**特点**　自古就作为文人吟诗作赋的主题而深受喜爱，在江户时代成为一种园艺品种。花色美丽，有蓝紫色、白色、红色、混合色等，还有带斑纹的品种等。与其他鸢尾花种的区别在于花瓣底部没有网状花纹、叶尖不下垂等。

**养护**　种植在可以储水的容器里，放置在日照良好的户外。开花时间短暂，要尽早清理花柄。

燕子花"舞孔雀"

# 莱雅菊 ◆

*Layia*

菊科／耐寒性秋至春种一年生草本植物　　别名：**加州菊**

原产地：美国加利福尼亚州
花　期：5~6 月、9~11 月　　上市时间：4 月、11 月、12 月
用　途：地栽、盆栽

**特点**　细长的茎高 30~60 厘米，在其顶端开出 1 朵黄花，花边有白色的花纹，次第开放，为春季的花坛增色不少。莱雅菊的盆栽和幼苗也以加州菊的名字在市面上流通。

**养护**　莱雅菊不喜高温和潮湿，应把盆栽放在阳光充足、通风良好的地方，雨季时移至阴凉的避雨处。春季或秋季播种，但秋季更容易生长。

莱雅菊

# 蒲包花属

玄参科／半耐寒性秋种一年生草本植物、多年生草本植物、灌木　　别名：**荷包花**

原产地：新西兰、墨西哥、秘鲁、智利
花　期：3~8 月　　上市时间：12 月 ~ 第二年 5 月
用　途：盆栽、地栽

**特点**　属名在拉丁语里的意思为"小鞋子、拖鞋"。蒲包花有独特的袋状外形，全株开满了红色和黄色的花朵，主要作为盆栽出售。灌木品种一般用于花坛等。

**养护**　应放在阳光充足的窗边，待盆土表面干透后在植株根部大量浇水，避免水溅到花上。

蒲包花

全缘叶荷包花"弥达斯"

# 蝴蝶百合属

百合科／半耐寒性秋种球根植物　　别名：**蝴蝶郁金香**

原产地：北美洲西部、墨西哥
花　期：4~5 月　　上市时间：2~4 月
用　途：盆栽

**特点**　属名在希腊语中意为"美丽的草花"。多变蝴蝶百合和黄花蝴蝶百合会开出美丽的杯状花，在纤细的茎上很显眼，由于很像郁金香，所以也被称为蝴蝶郁金香。

**养护**　放在阳光充足且较干燥的环境中。地面部分枯萎后停止浇水，把盆栽放在阴凉处，使其干燥。

多变蝴蝶百合

黄花蝴蝶百合

# 风铃草属

*Campanula*

桔梗科／半耐寒或耐寒性多年生草本植物、一二年生草本植物　　别名：**钟花**　　花语：**感谢**

原产地：欧洲南部
花　期：4~7 月　　上市时间：几乎全年
用　途：盆栽、地栽、鲜切花、垂吊盆栽

**特点**　属名在拉丁语里意为"小吊钟的形状"。风铃草会开出钟形、星形的花朵，很受欢迎。高性种的穗状花朵，如聚花风铃草和桃叶风铃草等，适合用来打造花坛，匍匐横向生长的品种，如脆叶风铃草和波旦风铃草，适合用于垂吊盆栽。盆栽也可选用高性种的风铃草。

**养护**　应放在室内或室外阳光充足的地方，待盆土表面干燥时直接向根部浇水，以免花叶被水覆盖。花期结束后，清理花柄。

风铃草（彩萼钟花）

脆叶风铃草"六月铃（June bell）"

波旦风铃草（乙女桔梗）

仙女针风铃草
"婴儿蓝"（左）和"婴儿白"（右）

巴夏风铃草"阿尔卑斯蓝（Alpen blue）"

桃叶风铃草（桃叶桔梗）

聚花风铃草（八代草）

风铃草"神秘"

# 卡罗来纳茉莉 ◆

*Gelsemium*

马线科／耐寒性常绿蔓性灌木　　别名：**法国香水花**　　花语：**优美、感官**

原产地：北美洲南部至中美洲
花　期：4~6 月　　上市时间：9 月～第二年 7 月
用　途：盆栽、地栽、栅栏装饰

**特点**　植株上开满鲜黄色的漏斗状花朵，在傍晚时分，会散发出甜美的茉莉花香。在日本，该品种名字是指原产于卡罗来纳（美国东南部）的茉莉，是春季的代表性藤本植物，但秋冬季也作为盆栽出售。由于较耐寒，细长的藤蔓可长到 6 米以上，在日本关东以西地区，会将其种植在花园里或凉棚、栅栏周围。

**养护**　开花期间应放在室内日照良好的地方，待盆土表面干透后充分浇水。

卡罗来纳茉莉

---

# 袋鼠脚爪 ◆◆◆◆◇

*Anigozanthos*

苦苣苔科／耐寒性多年生草本植物　　别名：**澳大利亚袋鼠花**　　花语：**喜欢恶作剧、好意**

原产地：澳大利亚西南部
花　期：3~6 月　　上市时间：12 月～第二年 5 月
用　途：盆栽、鲜切花

**特点**　茎上长着 1 朵不寻常的圆柱形、上部 6 裂的花，生长在类似鸢尾的叶片之间。因为花的形状像袋鼠的爪子，花和花茎上有短毛，所以被称为"袋鼠爪"。现在，主要是以进口鲜切花的形式在日本市面上流通，也有小型的袋鼠爪品种作为盆栽出售，非常受欢迎。

**养护**　放置在通风良好的地方。因其不喜高温高湿，所以夏季应移至阴凉处避雨，秋季应在霜降前移入室内。开花时注意水分是否充足。

袋鼠爪"迷你粉色"

# 玉簪属

龙舌兰科／耐寒性多年生草本植物　　别名：**紫萼**　　花语：**沉静**

玉簪"德玉"

秀丽玉簪

原产地：东亚
花　期：3~10月　　上市时间：2~11月
用　途：地栽、有阴凉的花园、盆栽

**特点**　在日本多被种植在花园的阴凉处，最近在欧美国家非常流行，已经培育出许多品种。夏季开的浅紫色花朵十分美丽，叶片也十分具有观赏性，有蓝绿色、深绿色带白色条纹或斑点、浅绿色、黄绿色、环形叶等多种形态和色彩。品种多样，包括小型品种和大型品种。

**养护**　叶片在阳光直射下会被灼伤，所以最好在不受西晒的半阴处种植，以保持叶片的水分。盆栽时，也需要将其置于阴凉处，待盆土表面干燥时可适当浇水。

上／波叶玉簪（*Hosta undulata*）
左／圆叶玉簪"优雅"

55

# 球根鸢尾 ◆◆◆◇◆◇

*Iris×hollandica*

鸢尾科／耐寒性秋种球根植物　　别名：**艾丽斯**　　花语：**留言、优雅**

荷兰鸢尾"蓝帆"

朱诺鸢尾"旋风"

原产地：欧洲、中近东
花　期：3~6 月⊖　　上市时间：1~4 月
用　途：盆栽、地栽、鲜切花

**特点**　鸢尾属的球根类花卉，荷兰鸢尾是其代表性植物。花色丰富，生长强健的荷兰鸢尾花内侧的花瓣呈斜角竖立，外形摩登，作为鲜切花很受人们欢迎。网脉鸢尾是小型荷兰鸢尾，也被称为"迷你鸢尾花"，常用作盆栽。此外，还有英国改良的抗寒性强的英国鸢尾，以及长有向两边展开的独特的宽大叶片的朱诺鸢尾等品种。

英国鸢尾"伊莎贝拉"

**养护**　耐寒性较强，放在室外阳光充足的地方，待盆土表面足够干燥时再浇水。叶片枯萎后，应将其放在阴凉通风、避雨的地方，以度过夏季。

网脉鸢尾"和谐"（前）
和鸢尾花"乔治"（后）

　⊖ 品种不同，花期也有所不同。

# 松红梅 ●●◇

*Leptospermum*

**桃金娘科／耐寒性常绿灌木**　　别名：**澳洲茶、鱼柳梅**

原产地：马来群岛、澳大利亚、新西兰
花　期：4~5月　　上市时间：10月~第二年4月
用　途：盆栽、地栽

**特点**　新西兰的国花。叶片形似鱼柳，圆圆的5瓣花像梅花，所以日文名为"鱼柳梅"。花色有深红、粉红或白色等，有单瓣、重瓣、高性种、矮性种等许多园林品种，非常受欢迎。

**养护**　将盆栽放在阳光充足的地方，并在盆土表面干燥时充分浇水。在温暖的气候条件下，高性种可以在花园里种植，作为庭院里的灌木。

松红梅（矮性种单瓣）　　松红梅（高性种重瓣）

# 毒豆 ●

*Laburnum*

**豆科／耐寒性落叶乔木**　　别名：**金链花**　　花语：**带着悲伤的美丽**

毒豆

原产地：欧洲中部和南部
花　期：5~6月　　上市时间：3~4月
用　途：地栽、盆栽

**特点**　蝶形的金色花序如同紫藤一般，一簇一簇地开，英文名的意思为"金链"，日文名则意为"金锁"。品种繁多，有树冠平展的小型品种、花朵小而花序细长的品种、花朵较大而花序短的品种，还有获得英国皇家园艺学会显异奖（AGM）的"沃斯（Vossii）"，以及结出许多长花序的品种等。

**养护**　夏季不耐高温，但耐寒性强。在日本关东以北的地区可以地栽，应种植在排水良好、阳光充足的地方，夏季应远离西晒。盆栽时则放在阳光充足的地方。

# 吉莉草属  ◆ ◆ ◆ ◇ ◆

春

Gilia

花荵科／耐寒性秋种一年生草本植物　　　别名：姬花荵、吉莉花

球吉莉

原产地：北美洲西部
花　　期：5~6 月　　　上市时间：5 月
用　　途：鲜切花、盆栽、地栽

**特点**　球吉莉的花茎长 90 厘米，叶片呈羽状全裂，顶端开着球状的蓝紫色花；*Gilia leptantha* 的花、茎和叶片都比球吉莉大；三色解代花，英文名意为"鸟眼"，因为花的中心是紫色的，看起来像一只眼睛；*Gilia lutea* 的植株较低矮，叶片形似松叶，开出惹人怜爱的粉色和黄色花；以及会开出穗状红花的 *Gilia rubra*。

**养护**　阳光不充足则无法开花，需要在日照良好的地方栽培。

*Gilia rubra*（*Ipomopsis rubra*）

三色解代花

*Gilia lutea*

58

# 金鱼草 ◆◆◆◆◇◇

*Antirrhinum*

车前科／半耐寒性秋种一年生草本植物　　别名：**龙头花**　　花语：**活泼、热闹**

金鱼草（前为矮性种，后为高性种）

金鱼草（吊钟形重瓣品种）

原产地：**地中海沿岸**
花　期：**5~6月**　　上市时间：**3~7月、11~12月**
用　途：**地栽、盆栽、鲜切花、垂吊盆栽**

**要点**　像金鱼一样膨胀的花朵十分独特，接连不断地绽放，是装饰春季多彩花坛的人气园艺品种。最近，从秋末到春季，都有四季开花的矮性种盆栽出售。除开金鱼形花朵的品种外，还有吊钟形5瓣花、重瓣花，以及花朵垂吊的品种等。

**养护**　喜好日照，因此应放在阳光充足的户外。不耐寒，晚秋购入的盆栽最好放在避霜的窗边或阳台。花期结束后，将整个茎都剪掉。

金鱼草"彩灯（白色）"（垂吊品种）

# 金盏花

*Calendul...*

菊科／半耐寒性秋种一年生草本植物　　别名：**金盏菊**　　花语：**纤细而美丽**

原产地：欧洲南部

花　期：2~5 月　　上市时间：几乎全年

用　途：盆栽、地栽、鲜切花

**特点**　闪闪发光的金色花朵即使在远处也能一眼看到，常用于花坛和盆栽等。自古罗马时代起，欧洲就将其作为一种草药进行栽培，以"金盏菊"的名字而为人熟知。有的小型品种会开出类似野生种的单瓣花。

**养护**　越是阳光充足，花色越是浓郁。在开花前摘心，使其长出腋芽，并勤摘花柄。

金盏花"橙星"

金盏花"不知冬"

# 孔雀仙人掌

*Disocactus×hybridus*

仙人掌科／非耐寒性多肉植物　　别名：**令箭荷**　　花语：**讽刺**

原产地：中美洲、南美洲

花　期：5~6 月　　上市时间：5~6 月

用　途：盆栽

**特点**　和昙花同属。花朵像兰花般绚丽，所以它的英文名是"Orchid cactus（类似兰花的仙人掌）"。花朵具有仙人掌科特有的光彩，花色丰富，花茎从 30 厘米到不到 10 厘米。花朵会连续绽放 2~3 天。

**养护**　放在日照良好的室外。夏季放在通风良好的半阴处，冬季则放在南向阳台上，以免受冻。

孔雀仙人掌"杨贵妃"

孔雀仙人掌"辛德瑞拉"

# 虎耳草 ◆◉◇◈

*Saxifraga*

虎耳草科／耐寒性多年生草本植物　　别名：**西洋虎耳草**

原产地：欧洲北西部和中部
花　期：3~4月　　上市时间：12月~第二年5月
用　途：盆栽、岩石花园

**特点**　因其天然的茂盛形态和惹人怜爱的花朵而受到欢迎，被称为虎耳草的品种其实是西洋虎耳草，与日本高山上野生的云间草不同。长有深绿色叶片的茎分枝并覆盖着地面，像软垫般生长。春季，花茎横向生长，会开出许多5瓣的小花。

**养护**　将植株放在阳光充足的室外，因其不喜高温潮湿，所以夏季要将它移到避雨、通风的半阴处，尽量保持凉爽。当盆土表面干燥时充分浇水。

西洋虎耳草

# 奥洲沙漠豆 ◆

*Clianthus*

豆科／非耐寒性一年生草本植物　　别名：**沙漠豆、斯特尔特沙漠豌豆、耀花豆**

原产地：澳大利亚西部
花　期：5~6月　　上市时间：3~6月
用　途：盆栽

**特点**　属名在希腊语中意为"荣耀之花"，因花色鲜艳而得名。鲜红的花朵呈独特的鸟嘴状，中央的突起逐渐变成黑紫色，像一只只眼睛。植株高60~120厘米，叶片和茎上密布着白毛，颜色显得有些灰白。

**养护**　尽量保持阳光直射。因其不喜高温高湿，所以夏季应放在避雨、通风良好的半阴处。当盆土表面干燥时要及时浇水，避免将水浇到花和叶片上。

澳洲沙漠豆

# 鞘冠菊 ❀❀◇◇ *Chrysanthemum*

菊科／半耐寒或耐寒性秋种一年生草本植物　　花语：**爱情**

原产地：北非（阿尔及利亚）、欧洲南部、西亚
花　期：3~5月　　上市时间：10月～第二年5月
用　途：地栽、盆栽、鲜切花

**特点**　开黄花的黄晶菊、纯白色花的白晶菊，以及花朵如同蛇眼般的花环菊等都属于鞘冠菊。花朵可以成片开成地毯状，所以是打造花坛和庭院的理想选择。

**养护**　都需要生长在阳光充足的地方，但是白晶菊不耐干旱，注意不要缺水。如果植株形状不佳，可从根部以上10厘米处开始修剪。

花环菊（蒿子杆）

白晶菊（白花）和黄晶菊（黄花）

# 久留米杜鹃 ❀❀◇ *Rhododendro*

杜鹃花科／耐寒性常绿小型灌木　　花语：**传奇、节制**

原产地：日本
花　期：4~5月　　上市时间：3~7月、9月～第二年1月
用　途：盆栽、地栽、鲜切花

**特点**　杜鹃花常被种植在花园里，但是久留米杜鹃经过改良后，即使在室内光线条件下也能开花，无须特别打理，每年都能开出满株的单瓣或重瓣花。

**养护**　放在室内明亮的窗边，勤摘花柄。开花后将其移至室外向阳处，待盆土表面干燥时浇水。

久留米杜鹃

久留米杜鹃"暮雪"

# 桃色蒲公英 *Crepis*

菊科／耐寒性秋种一年生草本植物　　别名：千本蒲公英、红鹌菊

原产地：欧洲南部
花　期：5~7 月　　上市时间：4~5 月
用　途：盆栽、地栽、鲜切花

**特点**　因其开出的粉色花朵与蒲公英相似，所以日本人称其为"桃色蒲公英"。这种植物在欧洲的原生地区像杂草一样生长。蒲公英般的叶片呈莲座状⊖，越冬后，花茎在春季生长，陆续开出粉色或白色的花，直到初夏。

**养护**　放在日照良好的户外。当花瓣皱缩时，就是生命的终结，应当尽早从根部开始修剪。

倒披针叶还阳参

---

# 银桦属 *Grevillea*

山龙眼科／半耐寒性常绿灌木　　别名：丝树

原产地：澳大利亚南部至新喀里多尼亚
花　期：4~5 月　　上市时间：6~7 月
用　途：盆栽、鲜切花

**特点**　英文名叫"Spiderflower（蜘蛛花）"，它开出的花形状独特，像牙刷或蜘蛛，但花没有花瓣，有长长的花柱。幼苗也能开花的灌木型品种可作为盆栽，银桦的幼苗还可作为一种观叶植物培育。

**养护**　放在室外阳光充足的地方，冬季放在明亮的室内。不耐干燥，盆土表面干燥时要多浇水。

银桦"矮小舞者（Pygmy dancer）"

银桦（羽衣松）

⊖　从地表长出的叶片在地面上呈放射状生长。

# 铁线莲属 ●●●○●❀

*Clematis*

毛茛科／半耐寒或耐寒性蔓性多年生草本植物　　别名：**铁线**　　花语：**高洁**

铁线莲 "H.F. 杨" "鲁佩尔博士" "白雪公主"（从左到右）

铁线莲

原产地：欧洲南部、亚洲西南部、中国、日本
花　期：5~10 月　　上市时间：2~5 月
用　途：盆栽、地栽、鲜切花、栅栏、花卉拱门

**特点** 原产于日本的风车铁线莲、原产于中国的铁线莲和原产于欧洲的红花铁线莲等品种，以及杂交培育出的一大批园艺品种，都被称为铁线莲。根据开花时间、形状和大小，又分为很多不同的种类。最近，绣球藤和半钟铁线莲的娇艳钟形花很受欢迎。

**养护** 喜好阳光充足、通风的地方，但是不耐热，夏季应移至半阴处。当盆土表面干燥时再浇水。

绣球藤"红小町"

"银币"铁线莲

红花铁线莲"Sir Trevor Lawrence"

卷须铁线莲

甘青铁线莲

长瓣铁线莲

# 番红花属 ◆○◆◇

鸢尾科／耐寒性夏、秋种球根植物　　别名：**藏红花**　　花语：**青春的喜悦、信赖**

番红花"Grand miter"

低温开花的番红花"踏雪"

原产地：地中海沿岸至小亚细亚半岛
花　期：2~4 月、11 月
上市时间：12 月~第二年 4 月
用　途：盆栽、地栽、水培

**特点**　早春时节，番红花与雪滴花一起先于其他花卉开花，预示春季的到来，深受人们喜爱。酒杯形的花朵在有阳光照射的温暖条件下开放，在傍晚或阴天时闭合。细长的叶片上有银色的竖线。除了春季开花，还有秋冬季开花的品种。

**养护**　光线不足则无法开花，故应放在阳光充足的地方，待盆土表面干燥后再浇水。有的品种会因温度不够低而无法开花，因此在开花前应放在户外。如果是水苔或水培植物，在开花后，拔掉花茎，把球根种在花园里。

右中／秋季开花的美丽番红花
右下／番红花"奶油美人"

# 君子兰 ❀

石蒜科／半耐寒性多年生草本植物　　别名：剑叶石蒜、大君子兰　　花语：高贵

原产地：南非
花　期：3~4 月　　上市时间：9 月～第二年 7 月
用　途：盆栽

**特点**　在粗壮的花柄顶端开出 10~20 朵橙红色
的花，适合装饰房间，长期以来一直很受欢迎。
此外，还有开黄花的君子兰、宽叶和斑叶等品种。

**养护**　不喜阳光直射，所以应放在室内明亮的
地方。开花后，等到
霜降季节过去再移到
室外半阴处。晚秋时，
在霜降前放入室内。

黄花君子兰　　　　大花君子兰

# 酒杯兰 ❀❀❀❀❀❀

Geissorhiza

鸢尾科／半耐寒性秋种球根植物

原产地：南非
花　期：3~4 月　　上市时间：1~3 月
用　途：盆栽

**特点**　酒杯兰外形细长，形似
小苍兰，花瓣如丝绸般柔滑，
花朵色彩艳丽且丰富。花形有
酒杯状和星状。

**养护**　放在室内阳光充足的地
方，待盆土表面干燥后浇水。
初夏叶片枯萎时将盆栽放到阴
凉处晾干。

上／酒杯兰
右／酒杯兰（洛肯希斯）

# 老鹳草属 ❀◆◆◇◆◆

牻牛儿苗科／耐寒性多年生草本植物、秋种一年生草本植物　　别名：老鹳嘴　　花语：活泼

老鹳草（蓝色大花品种）

灰叶老鹳草

原产地：欧洲至高加索地区、日本、美洲
花　期：5~9月　　上市时间：2~8月
用　途：盆栽、地栽

**特点**　作为药草而被人所熟知，有长在露地和河岸等地的童氏老鹳草和高山植物白山老鹳草等品种。近年来，开出薰衣草蓝、深粉、浅粉、白色等漂亮花朵的品种也十分受欢迎。以"姬风露"的名字在市场上出售的是四季开花的不同属的汉荭鱼腥草。

**养护**　喜好阳光，故将盆栽放在阳光充足的地方。但不耐夏季的高温高湿，夏季应将植株放在不受西晒和雨淋且通风良好的阴凉处，给根际部浇水。地栽也应种植在排水良好、阳光充足的地方。

左：科西嘉牻牛儿苗（大花姬风露）
右：血红老鹳草（曙风露）

# 荷包牡丹

罂粟科／耐寒性多年生草本植物　　　别名：**鱼儿牡丹**　　花语：**听从对方的话**

原产地：中国、朝鲜半岛
花　期：5~7月　　　上市时间：1~5月
用　途：盆栽、地栽

**特点**　奇妙荷包牡丹的同属植物。因为花朵是心形的，鲜红色的花一排排地挂着，像一条鱼挂在鱼竿上，所以日本人叫它"钓鲷草"。荷包牡丹给人一种野草的感觉，也作为茶花被栽培。

**养护**　在半阴处生长良好。不喜高温，所以夏季应放在阴凉、通风、避雨的地方，当盆土表面开始干燥时再浇水。

荷包牡丹

荷包牡丹（白花品种）

---

# 鲸鱼花 ◆◆

苦苣苔科／非耐寒性蔓性多年生草本植物　　　别名：**金鱼花**

原产地：美洲热带地区、西印度群岛
花　期：早春至初夏⊖　　上市时间：1月、3~8月
用　途：垂吊盆栽、装饰桫椤

**特点**　鲸鱼花细长的藤蔓状花茎上长着深绿色的有光泽的小叶片，开圆柱形小花，花色有红色、橙色和黄色。花在顶部一分为二，彼此相对，上部裂片垂下，下部裂片形成细长的唇形，从叶片中长出。许多下垂的藤蔓上开满了花，适合作为垂吊盆栽或桫椤板的装饰等。

**养护**　不喜阳光直射，夏季应该移到室外的半阴处。待盆土表面干燥时给植株浇水。不耐寒，冬季应放在室内，保持10℃以上的温度和干燥的环境。

鲸鱼花"斯塔凡格"

---

⊖　品种不同，花期也有所不同。

# 蛾蝶花 ◆◆◆◇◆◇

*Schizanthus × wisetonensis*

茄科／非耐寒性秋种一年生草本植物　　别名：**蝴蝶草**　　花语：**与你共舞**

原产地：智利
花　期：4~6月　　上市时间：1~4月
用　途：盆栽、鲜切花

**特点**　因为它全株开满了绚丽的蝴蝶状花朵，所以日文名叫作"蝴蝶草"。因为长得像兰花，但价格实惠，所以英文名的意思是"平民兰"。

**养护**　盆土表面干燥时就可以给植株根部浇水，避免将水浇到花朵或叶片上。

蛾蝶花"甜蜜双唇"

蛾蝶花

---

# 瓜叶菊 ◆◆◆◇◆◇

*Pericallis × hybrida ( = Senecio )*

菊科／半耐寒性夏种一年生草本植物　　别名：**富贵菊、瓜叶莲**　　花语：**快活**

原产地：加那利群岛
花　期：3~6月　　上市时间：9月~第二年4月
用　途：盆栽

**特点**　典型的早春盆花，花色艳丽，植株上开满花朵，将室内装点得色彩斑斓。品种繁多，花形从大（直径约为8厘米）到小（直径约为3厘米）都有，颜色丰富。还有开出星状花纹的品种，花茎修长。

**养护**　在温暖无风的日子里放在室内，阳光直射会让花和叶片的颜色变得更加鲜艳。注意是否缺水。

瓜叶菊"双重红"（星状花纹型）F1 ⊖

瓜叶菊

　⊖　第一代杂交种。不同品种之间的杂交1代，开花时间和植株高度的一致性高，生命力强健。

# 倒提壶 ● ○ ●

紫草科／耐寒性一年生草本植物　　别名：**勿忘草、大琉璃草**

原产地：中国西部
花　期：5~6 月　　上市时间：1~6 月、9~11 月
用　途：盆栽、地栽、鲜切花

**（特点）** 原产于中国，因其花色与勿忘我相似，所以在日本叫"中国勿忘我"。茎较直，上半部分的分枝较多，开出许多惹人怜爱的蓝紫色 5 瓣花，直径约为 6 毫米。有用于花坛和鲜切花的高性种，也有用于盆栽的矮性种，开粉色、白色花朵的品种等。

**（养护）** 应放在室外阳光充足、通风良好的地方，待盆土表面干燥时充分浇水。对高性种应进行摘心、修剪分枝。

倒提壶

# 针叶天蓝绣球 ● ● ○ ● ◐

花荵科／耐寒性常绿多年生草本植物　　别名：**针叶福禄考、芝樱**　　花语：**忍耐**

原产地：北美洲东部
花　期：3~5 月　　上市时间：3 月
用　途：地栽、岩石花园、盆栽

**（特点）** 在地上的每一节匍匐茎都会生根，蔓延成一片，在春暖花开时，漂亮的 5 瓣花开满了整个地面，如同一张花毯。花色有粉红色、白色、丁香色等多种，近年来流行白底配粉红色竖条纹的品种、深红色的品种、茎生长得慢的品种等。因为耐旱，所以很适合用于打造岩石花园和用作地被植物。

**（养护）** 在光照不好的地方无法生长，故应放在阳光充足的室外，不要改变位置。不喜高湿，所以要等盆土表面足够干燥时再浇水。

针叶天蓝绣球"多摩之水"

# 粉花绣线菊 ●● ◇

*Spirae*

蔷薇科／耐寒性落叶灌木　　别名：**蚂蟥梢、火烧尖**　　花语：**自由、私心**

粉花绣线菊"焦点"

原产地：中国、朝鲜半岛、日本
花　期：5~7月　　上市时间：5~6月、9~11月
用　途：盆栽、地栽、鲜切花

**特点**　高约1米，是珍珠绣线菊、麻叶绣线菊的同属植物，日本人以首次发现它的下野国（栃木县）为名，称其为"下野"。桃色的小花一簇簇地开在枝头，比花瓣长的雄蕊在风中摇曳。有矮性种的小粉花绣线菊、白花绣线菊、花色较深的品种，还有分别开出白色和粉色花朵的品种、叶片呈金黄色的品种。

**养护**　放在阳光充足的室外，不耐干旱，当盆土表面开始变白时要充分浇水，但冬季要控制浇水量。当花期结束后，将枝条剪至需要的高度。

# 沙斯塔雏菊 ◇

*Leucanthemum×superbum*
*( = Chrysanthemum*

菊科／耐寒性多年生草本植物　　花语：**万事忍耐**

原产地：园艺品种（由美国培育）
花　期：5~6月　　上市时间：5~6月
用　途：地栽、鲜切花、盆栽

**特点**　它是由日本滨菊与法兰西菊杂交而成的园艺品种。在60~80厘米高的粗壮茎尖上开出单瓣、重瓣、半重瓣、丁字花形的白色花朵，也有高约25厘米的矮性种，花朵颜色均为纯白色。

**养护**　喜好阳光，尽量放在光照良好的户外，当盆土足够干燥时再浇水。在温暖的气候下，开花后需修剪。因其生长旺盛，最好每年都重新换盆栽种。

沙斯塔雏菊"银色公主"

# 芍药

芍药科／耐寒性多年生草本植物　　别名：**离草、貌佳草**　　花语：**羞涩**

芍药"拉丁礼服"（西洋芍药）

川赤芍（原种）

原产地：**中国北部至朝鲜半岛**
花　期：**5~6月**　　上市时间：**3~5月**
用　途：**地栽、盆栽、鲜切花**

**特点**　在日本平安时代，芍药作为药用植物从中国传入，为华贵花朵的代表，与牡丹齐名，自江户时代培育出许多园艺品种后，已成为日本园林中不可或缺的花卉品种。欧美改良的品种，花朵轻巧摩登，更加适合西洋的庭院。其他还有原产地品种和叶呈羽状裂、裂片线形的细叶芍药等。

**养护**　将盆栽放在室外晒太阳，雨天和大风天可将其移到屋檐下。不喜干燥，所以当盆土表面开始干燥时需要多浇水。开花结束后需要剪去花朵。

芍药"众望"

春

# 绵枣儿属 ◆ ◇ ◆

*Scilla*

天门冬科／耐寒性秋种球根植物　　别名：天蒜、地兰　　花语：不变

原产地：非洲、欧洲、亚洲
花　期：3~5月　　上市时间：2~4月
用　途：盆栽、地栽、鲜切花

**特点**　在春暖花开的时期开出白色、蓝色和紫色的花，是一种球茎植物。锥序绵枣儿的植株较大，花朵向上开放，呈星状，像一把把阳伞。早春时期，小型的西伯利亚绵枣儿开着深蓝色或白色的花朵。

**养护**　放在室外阳光充足、通风良好的地方，待盆土表面干燥时可适当浇水。冬季需要在盆土上覆盖枯叶等。

锥序绵枣儿

西伯利亚绵枣儿

# 白及 ◆ ◇

*Bletilla*

兰科／耐寒性多年生草本植物　　别名：紫兰、紫蕙、白芨　　花语：不要忘记彼此

原产地：中国、日本（本州千叶县以西）
花　期：5月　　上市时间：2~5月
用　途：盆栽、地栽、鲜切花

**特点**　野生白及生长于日本温暖地带的向阳山区，属于兰科的一员，会开出紫红色的美丽花朵，日本自江户时代就开始栽培。因其耐寒性强，在欧美也很受欢迎。口红白及开白花，白底的花瓣上有红色的斑点等。

**养护**　仲夏时节的阳光直射会引起叶片灼伤，故一年四季都要放置在半阴处，避免西晒。盆土表面干燥时浇水。

白及

白花白及

74

# 蝇子草属 ◆◆◇

石竹科／耐寒性一年生草本植物、多年生草本植物　　别名：**白花蝇子草**　　花语：**欺骗者、虚情假意**

蝇子草"粉云"

高雪轮

原产地：南非、欧洲中部和南部、地中海沿岸
花　期：5~6月　　上市时间：4~6月
用　途：盆栽、地栽、岩石花园、鲜切花

**特点**　原产于地中海沿岸，花朵形似报春花，萼片随着花期的延长而膨胀的品种被称为矮雪轮；有茎顶部分泌的黏液吸引昆虫的高雪轮等一年生植物，还有形似缕丝花的单瓣或重瓣花的玉星蝇子草和花管很大的海滨蝇子草等多年生植物。这些是市面上的主要品种。

玉星蝇子草

**养护**　喜好阳光，所以要放在阳光充足、通风良好的地方。当盆土表面干燥时要浇足水。花期很短，凋谢后把花瓣仔细摘除。

上／海滨蝇子草
左／矮雪轮

# 蔓柳穿鱼 ❀

玄参科／耐寒性多年生草本植物　　别名：铙钹花、常春藤叶柳穿鱼

*Cymbalaria*

原产地：地中海沿岸至西亚
花　期：5~11 月　　上市时间：3~7 月、10~12 月
用　途：盆栽、地栽、岩石花园、垂吊盆栽

**特点**　茎匍匐生长可达 1 米，根从与地面接触的茎节上萌发，分枝覆盖地面，适合作为地被植物。植株开出一串串紫蓝色间杂黄色的小花，花柄长，叶片呈圆形。可盆栽，也可用于打造岩石花园、墙面花园、垂吊盆栽等。

**养护**　在阴凉处只有茎生长，花则开得不好，因此需要放在户外有阳光的地方。由于不耐干旱，注意不要缺水。地表部分的植株在冬季死亡，但会在春季重新生长。

蔓柳穿鱼

# 香雪球 ❀❍❀

十字花科／耐寒性秋种一年生草本植物　　别名：庭芥　　花语：优美

*Lobularia*

原产地：地中海沿岸
花　期：5~6 月、9~10 月
上市时间：9 月、12 月～第二年 5 月
用　途：地栽、岩石花园、盆栽、垂吊盆栽

**特点**　即使任其随意生长，也能在地面生长得很紧凑，经常用于打造花坛、岩石花园和混合栽培。高10~15 厘米，开出白色、粉色、浅紫色的 4 瓣小花，覆盖全株。从早春到初夏陆续开花。香雪球会散发出一种甜美的香味，很像庭荠属（*Alyssum*）的植物，所以英文名是"Sweet alyssum"。

**养护**　叶片易受冻害，所以早春应放在屋檐下或朝南的阳台上。初夏修剪植株，防止结出种子，在通风的半阴处越夏，秋季还会开花。

香雪球

# 水仙 ◆◆◇◆❀

石蒜科／耐寒性秋种球根植物　　别名：凌波仙子、玉玲珑　　花语：自恋

中国水仙

喇叭水仙"粉色太阳伞"

围裙水仙

原产地：北非、葡萄牙、西班牙、地中海沿岸
花　　期：12 月～第二年 4 月⊖
上市时间：11 月～第二年 4 月
用　　途：地栽、盆栽、鲜切花、水培

**特点**　水仙以其高贵的花姿和典雅的香味吸引着人们。在希腊神话里，美少年那喀索斯爱上了池塘水面里自己的倒影，最后化身为水仙。水仙有着悠久的栽培历史，自古埃及和古希腊时代起就是一种观赏植物。水仙的品种很多，有小型的野生品种、中国水仙、喇叭水仙和一茎多花的簇生水仙等。

**养护**　水仙需要经受足够的寒冷天气才能开花，所以应将其放置在室外，直到花蕾成熟。开花期间应放在日照良好的室内或室外养护，并保持充足的水分。开花后，需要清理植株全部的子房⊜。

⊖ 品种不同，花期也有所不同。
⊜ 子房是雌蕊的一部分。受精后，植株内部会形成种子、结出果实的部分。结果的位置会因品种而异。

口红水仙"伶人"

# 香豌豆 ◆◆◇◆◇

*Lathyrus*

豆科／半耐寒或耐寒性秋种一年生草本植物　　别名：**花豌豆**　　花语：**一丝喜悦**

原产地：意大利
花　期：4~6月　上市时间：12月～第二年3月
用　途：盆栽、地栽、鲜切花

**特点**　香豌豆的花色是春季特有的温柔粉色，直到初夏，都会开出一朵朵芬芳的蝶形花朵。高性种用于围栏和铁丝网的装饰。立体又低矮的品种可以作为垂吊盆栽栽培或者装饰灯座。最近还有宿根的品种上市。

**养护**　喜好日照，需要放在通风良好、日照充足的户外。当盆土表面干燥时需要浇水。要仔细清理花柄。

香豌豆　　　　　　　　　　　　　　　宿根香豌豆

# 黄芩属 ◆◆◆◆◆

*Scutellaria*

唇形科／非耐寒性常绿多年生草本植物、半耐寒性常绿亚灌木

原产地：哥斯达黎加、哥伦比亚、委内瑞拉、巴西
花　期：春季至初夏　上市时间：6~11月
用　途：盆栽

**特点**　黄芩属包括野生生长在日照充足的山野间的黄芩，开红色和橙色的管状花的哥斯达黎加黄芩，还有花茎横向生长的品种等。

**养护**　避免阳光直射，放在光线明亮的窗边或室外半阴处，远离雨水。冬季，室内温度需至少保持10℃以上。开花后修剪掉1/3。

哥斯达黎加黄芩　　　　　　黄芩"粉红蔓草"

# 铃兰 ◆◇

铃兰科／耐寒性多年生草本植物　　别名：**君影草、德国铃兰**　　花语：**重来的幸福**

原产地：欧洲、中国、日本、北美洲
花　期：5 月　　上市时间：1～5 月
用　途：盆栽、地栽、鲜切花

**特点**　野生于日本本州和北海道的山野中的铃兰一般不会被人工栽培。欧洲产的德国铃兰比较常见，开出许多长而大的花，花色为粉红色，也有重瓣、叶片带花纹的品种。

**养护**　不喜强光，应养在半阴、通风良好的地方。注意浇水，以免盆土干燥。

花叶铃兰

粉红铃兰

# 黄窄叶菊属 ◆

菊科／半耐寒性秋种一年生草本植物

原产地：南非
花　期：4～5 月　　上市时间：3～6 月
用　途：盆栽、地栽

**特点**　窄叶菊植株高约 30 厘米，外观像万寿菊，单花直径约为 2 厘米，植株开满鲜黄色花朵。浅齿黄金菊高 0.5～3 米，在市面上作为盆栽流通。

**养护**　摆放在室外通风良好、阳光充足的地方，夏季应移到不会被雨淋的阳台或走廊。仔细清理花柄。

浅齿黄金菊"黄色天使"

窄叶菊"淘金热"

# 紫罗兰属 ❀❀♢❀

十字花科／半耐寒性秋种一年生草本植物　　别名：**紫罗兰花**　　花语：**永恒之恋**

紫罗兰（用于鲜切花的高性种）

紫罗兰（单瓣品种）

紫罗兰（重瓣品种）

原产地：地中海沿岸
花　期：2~4月、10~11月
上市时间：9月～第二年4月
用　途：鲜切花、盆栽、地栽

**特点**　白色、粉色、红紫色的花朵散发着迷人香气，从早春开始绽放。紫罗兰属的花卉是深受欢迎的鲜切花，市面上常见用于打造花坛和作为盆栽流通的矮性种，分为茎有分枝、开花很旺盛的品种和茎没有分枝的品种。植株整体被灰色的短柔毛覆盖，茎叶呈灰绿色。

**养护**　生长在阳光充足的地方，但易受强霜的影响，所以冬季应放在屋檐下或明亮的室内。不喜过于潮湿的天气，待盆土表面变干燥时再浇水。

# 绛三叶 ◆◇◆

豆科／耐寒性秋至春种一年生草本植物　别名：**绛车轴草**　花语：**奋发图强**

绛三叶

原产地：欧洲
花　期：5~6月　　上市时间：3~4月
用　途：盆栽、地栽、地被植物、鲜切花

**特点**　白花车轴草和红花车轴草家族的成员。在细细的嫩茎末端结出惹人怜爱的蜡烛状花穗，有红花和白花两种。花朵自下而上绽放，花蕾向着光线的方向弯曲。它的英文名是"Crimson clover"。因为其有 3 片小叶，属名的拉丁语意为"三片叶"，但是长有 4 片叶的黑色三叶草也用绛三叶的名字在市面上流通。

**养护**　放置在阳光充足的室外。待盆土表面干燥时可大量浇水。

右上／白花车轴草
右下／黑色三叶草"附加意义
（Purplus sense）"

绛三叶（白花品种）

# 雪片莲 ♡

*Leucojum*

石蒜科／耐寒性秋种球根植物　　别名：**铃兰水仙**　　花语：**纯洁的心**

原产地：**澳大利亚、匈牙利**
花　期：**4 月**　　上市时间：**12 月～第二年 4 月**
用　途：**盆栽、地栽、鲜切花**

**特点**　因叶片像水仙，花朵像铃兰而得名"铃兰水仙"。花枝上悬挂着向下开放的铃铛状花朵，在白色花瓣的先端有绿色的斑点。现在培育出了没有斑点的秋雪片莲属的小型秋季开花品种。

**养护**　生命力顽强，易于栽培，但是不喜夏季的阳光直射，需要放置在凉爽的半阴处，到叶片枯萎以前都需要注意，避免水分不足。

夏雪片莲

秋季开花的雪片莲

# 魔杖花 ◆◆◇

*Sparaxis*

鸢尾科／半耐寒性秋种球根植物　　别名：**水仙菖蒲**

原产地：**南非（开普地区）**
花　期：**4~5 月**　　上市时间：**3 月**
用　途：**盆栽、地栽**

**特点**　魔杖花盛开在春暖花开的时节，高 60~80 厘米，细长花茎上开出耀眼的绚彩花朵。主要的栽培品种是三色魔杖花，花瓣中心和花瓣尖端有不同的颜色，在颜色的分界线上有圆轮状的斑纹。

**养护**　需要放置在阳光充足的地方，当盆土表面干燥时要大量浇水，防止其干枯。当地表部分死亡时，可以等盆栽慢慢变得干燥。

三色魔杖花 "Alba maxima"

三色魔杖花

# 美洲茶属 ◆

鼠李科／半耐寒性常绿灌木　　别名：加利福尼亚茶、加利福尼亚欧丁香

原产地：北美洲
花　期：4~6月　　上市时间：2~5月
用　途：盆栽

（特点）美洲茶在枝条末端开出小穗状的芳香花朵，叶片边缘有光泽，略带锯齿，从春季到初夏都会开花。原产于美国加利福尼亚州，因为它的花看起来像欧丁香，所以也叫加利福尼亚欧丁香。蓝色的花十分美丽，连幼苗也能开出繁茂的花，所以很受欢迎。

（养护）从春季到秋季，应尽量放在阳光充足的室外。夏季应将其移至通风良好的半阴处，以避开西晒和雨淋。冬季应将其放置在明亮的室内。盆土表面干燥时浇水。

美洲茶

# 卷耳属 ◇

石竹科／耐寒性多年生草本植物　　别名：夏雪草

原产地：意大利
花　期：5~6月　　上市时间：10月~第二年6月
用　途：地栽、地被植物、盆栽

（特点）在日本有该属的野生品种，但一般栽培的品种是欧美原产的，主要以"夏雪草"的名字在市面上流通。植物高15~25厘米，在地面铺展开来，非常适合作为地被植物，用来打造岩石花园或搭配盆栽植物等。植株整体覆盖了一层白毛。由于易受高温多湿天气的影响，所以作为一年生草本植物培育，在秋季播种。

（养护）喜好阳光充足的地方。夏季应移至阴凉、通风良好、避雨的地方，需保持干燥。

绒毛卷耳

# 天竺葵属 ❀❀❀❁❀❁ *Pelargonium×hortorum*

牻牛儿苗科／非耐寒性多年生草本植物　　别名：**洋绣球**　　花语：**真正的友情**

天竺葵"苹果"

原产地：南非
花　期：4~11 月⊖　　上市时间：全年
用　途：盆栽、地栽、垂吊盆栽

**特点**　由于天竺葵花色丰富、花期长而深受全世界爱花人士的喜爱。天竺葵分为灌木型天竺葵和匍匐型天竺葵 2 种。从高性种天竺葵到矮性种天竺葵，有各种大小的天竺葵品种。现在受欢迎的主流品种是有许多花茎且形成球状的矮性种天竺葵品种。散发香气的香叶天竺葵也是经常使用的香草。

**养护**　喜好日照，应放在阳光充足和通风良好的地方，但不耐高温，所以夏季应将其移至半阴处，避免西晒。控制浇水量。花期结束后需要修剪。

星状天竺葵"Startel scarlet"

　　⊖ 环境影响花期是否能持续全年。

枫叶天竺葵"百年温哥华"

五色叶天竺葵"荣冠"

*Pelargonium splendide*

银边天竺葵"富士峰"

上／香叶天竺葵（驱蚊草）
左／盾叶天竺葵"糖果宝贝"

# 矢车菊属 ◆ ◆ ◆ ◇ ◆ ◆

*Centaurea*

菊科／耐寒性秋种一年生草本植物、多年生草本植物　　别名：**蓝芙蓉**　　花语：**优雅、细腻**

矢车菊

香矢车菊

原产地：南欧东南部、西亚

花　期：4~5 月　　上市时间：2~5 月、8~10 月

用　途：盆栽、地栽、鲜切花

**特点**　以矢车菊为代表的矢车菊属的名字来源于希腊传说中的半人马。传说当半人马受伤时，会用矢车菊的叶片给自己治病。矢车菊的品种包括开着散发香气的蓝紫色、白色和粉红色花朵的香矢车菊，开着鲜黄色花朵的黄矢车菊，花瓣呈独特的狭长裂片状的山矢车菊，以及开着深黄色蓟状花朵的黄金矢车菊等。

**养护**　矢车菊的花苗从年底开始上市。植株容易受霜冻的影响，应放在向阳的屋檐下或明亮的窗边。在开花期应将其放在室外通风、阳光充足的地方，注意不要缺水。

右上／山矢车菊

右／黄金矢车菊

# 蜡花属 ◆◆

*Cerinthe*

紫草科／耐寒性秋种一年生草本植物

原产地：欧洲南部
花　期：4~5 月　　上市时间：3~4 月
用　途：地栽、盆栽、鲜切花

**特点**　这种受欢迎的植物很独特，鲜绿色的叶片包裹着柔软的茎叶，长约 3 厘米的圆柱形花朵向下开放。紫蜜蜡花的花朵和苞片都呈美丽的深紫色，搭配带有金属光泽的绿叶，十分引人注目。植株高 30~50 厘米。

**养护**　放在阳光充足的地方。耐寒性强，虽然不用特意防寒，但是不耐干旱，为避免土壤干燥，应在上午浇水。

蜡花"黄色蜡烛"（黄花）
紫蜜蜡花（紫花）

---

# 青鸢花属 ◆

*Dampiera*

草海桐科／半耐寒性多年生草本植物

原产地：澳大利亚
花　期：3~5 月　　上市时间：2~4 月
用　途：盆栽

**特点**　植株有很多生长茂密的软茎，茎有细小的分枝，开着一朵朵蓝紫色的小花。最近出现的原种 *Dampiera diversifolia* 会在地面散开并开花，作为一种适合混栽的植物而受到关注。

**养护**　不喜高温和寒冷天气，也不喜过度湿润。夏季要放在半阴处，远离雨水和避免西晒。冬季为避免植株受冻，要放在室内明亮的窗边。

青鸢花盆栽

青鸢花

# 石竹属 ❀❀✿✿✿ *Dianthus*

石竹科／耐寒性一年生草本植物、多年生草本植物　　　别名：**抚子花、石竹**

常夏石竹

须苞石竹（美国石竹）

原产地：欧洲、中国、日本、北美洲
花　期：4~6 月　　上市时间：2~5 月
用　途：盆栽、地栽、鲜切花

**特点** 石竹是对抚子花家族的总称，属名来源于希腊语的"神圣"和"花"。除香石竹以外，须苞石竹也家喻户晓。自古以来培育出许多品种，都十分惹人喜爱，花的边缘有细细的切口，茎上有凸起的结节，叶片很窄。

**养护** 喜好日照，应放置在日照充足的室外。盆土表面干燥时则需要大量浇水。一轮开花结束后，剪去 1/3 后还能再次开花。

石竹"色彩魔术师"

# 郁金香 ◆◆◆◇◆◆

百合科／耐寒性秋种球根植物　　别名：**郁香**　　花语：**博爱、名声**

郁金香"绿色大地"

郁金香"蒙赛拉"

原产地：北非、土耳其、中亚、东亚
花　期：3~5 月　　上市时间：12 月～第二年 3 月
用　途：盆栽、地栽、鲜切花

**特点** 清爽的美丽花姿和丰富的花色使得郁金香成了春季开放的花卉中最受喜爱的品种。郁金香一般分为 3 月下旬开始开花的早生种、4 月上旬开始开花的中生种、4 月下旬开始开花的晚生种、原产地品种及其杂交种等。郁金香花形丰富，如重瓣、花瓣顶端尖等。最近，植株低矮、花朵惹人喜爱的原生品种，包括"丁香奇迹"及类似的品种越来越受欢迎。

**养护** 栽种在日照充足的地方，郁金香一般都会开花。待盆土表面十分干燥时浇水。

上／郁金香"紫色公主"
右／郁金香"丁香奇迹"

# 雪光花属 🌸🌼🌸

*Chionodoxa*

天门冬科／耐寒性秋种球根植物　　别名：**雪解百合**

原产地：东地中海沿岸、小亚细亚
花　期：3~4 月　　上市时间：2~4 月
用　途：地栽、岩石花园、盆栽

**特点**　主要流通的品种是雪光花，在早春开出一朵朵温柔的藤青色星状花朵，花朵中心带有白色。植株高约 15 厘米。有的品种会开出粉色或白色的花。此外，还有大花品种的雪百合，开出美丽的天蓝色花朵的深蓝雪百合等品种。属名在希腊语中意为"雪之荣光"，因野生的雪光花在冰雪消融的时节开花而得名。英文名为"Glory of the snow（雪之荣光）"。

**养护**　一般栽种在落叶树下等。盆栽时，应注意冬季是否缺水。

雪百合

---

# 丝鸢花属 🌼🌼

*Diaspasis*

草海桐科／半耐寒性多年生草本植物　　别名：**粉红十字**

原产地：澳大利亚南西部
花　期：4~6 月　　上市时间：6 月
用　途：盆栽

**特点**　绿毛毛的茎细，分枝多，高 20~30 厘米。从春季到初夏，在细长的叶片边上连续开出白色或深粉色的星形 5 瓣花。

**养护**　喜好日照，尽量放置在阳光充足的户外，盆土表面干燥时充分浇水。避免冻伤，做好越冬的准备。

绿毛毛

丝鸢花盆栽

# 异果菊 ◆◆◇◆

*Dimorphotheca*

菊科／半耐寒性秋种一年生草本植物、多年生草本植物　　别名：白兰菊　　花语：财富、明快

皮叶异果菊"桃色交响曲"

蓝眼菊"银色火花"

原产地：南非
花　期：4~5月　　上市时间：1~4月
用　途：盆栽、地栽、鲜切花

**特点**　有着丰富的花色，以前被称为"异果菊"的多年生草本植物，现在被分类为蓝眼菊；开橙色和黄色的鲜艳花朵且花凋谢后就会枯萎的一年生草本植物则是"异果菊"。但是二者不做区别，仍然以"异果菊"的名字在市面上流通，都十分受欢迎。

**养护**　没有日照则无法开花，应当最优先满足日照条件。不喜盆土过度湿润，尽量保持一定程度的干燥。

左上／蓝眼菊
左／波叶异果菊"春晖花
（Spring flash yellow）"

# 雏菊 ◆◆◇ *Bellis*

菊科／耐寒性秋种一年生草本植物、多年生草本植物　　别名：**英国雏菊、马兰头花**　　花语：**安慰**

雏菊

原产地：欧洲、地中海沿岸
花　期：4~5 月　　上市时间：1~4 月
用　途：地栽、盆栽

**特点**　在寒冷时节，雏菊会不断开出红色、白色和粉色的可爱花朵，是用来打造春季花坛的理想植物。有从花朵直径为 2~3 厘米的品种到 7~8 厘米的大朵品种。很多园艺品种都是重瓣的。在欧洲很早就用单花品种来占卜爱情——"爱我"还是"不爱我"。原本是多年生植物，但在日本，因为其在夏季难以生存，所以被归为一年生植物。

**养护**　需要阳光才能开花，所以应放在室外阳光充足的地方，避免盆土干透，待盆土表面干燥时充分浇水。清理凋落的花瓣和枯萎的叶片。

# 蓟 ◆◆◇◆ *Cirsium*

菊科／耐寒性一年生草本植物、多年生草本植物　　别名：**大刺介芽、地萝卜**　　花语：**权利、安心**

原产地：日本（本州、四国、九州）
花　期：3~6 月　　上市时间：1~6 月
用　途：地栽、盆栽、鲜切花

**特点**　由日本野生的蓟改良而成的园艺品种，诞生于江户时代。植株分枝的长茎顶端开出红色、粉色和白色的花，一直开到初夏。植株高约 1 米，鲜艳的花朵是花坛的美丽点缀。蓟是一种如野花般强健的植物，每年都能开得很好，无须精心打理。

**养护**　耐热耐寒，生命力旺盛，易于栽培。将其作为盆栽种植时，只要将其种植在深 40 厘米以上的容器中，并放置在阳光充足的地方，就可以在不过多打理的情况下欣赏它的花朵。

蓟

# 紫灯花属 ❀❀◆

*Triteleia*

葱科／耐寒性秋种球根植物　　别名：**灯笼花**　　花语：**喜讯**

原产地：加拿大西部、美国（加利福利亚州）
花　期：4~6月　　上市时间：12月～第二年2月
用　途：盆栽、地栽、鲜切花

**特点**　主要栽培的品种是疏花美韭，细长花茎上长有小型版百子莲般的深蓝色花朵，也作为鲜切花在市场上流通。还有黄花的无味葱、蓝花的 *Triteleia bridgesii* 等品种，都能享受自然的野趣。

**养护**　放置在日照、通风良好的室外。在叶片生长期间充分浇水，叶片变黄后将球根挖出，保存在凉爽的地方。

*Triteleia bridgesii*

疏花美韭"法比奥拉皇后（Queen Fabiola）"

# 油菜花 ◆

*Brassica*

十字花科／耐寒性秋种一年生草本植物　　别名：**青菜**　　花语：**活泼、快乐**

油菜花"观月"

原产地：欧洲、东亚
花　期：12月～第二年5月　　上市时间：10月～第二年4月
用　途：盆栽、鲜切花、地栽

**特点**　油菜是用来榨油的，为观赏而种植的大花品种是在白菜的基础上改良而成的。在粗壮的茎端开出许多鲜黄色、4瓣的十字形花朵。叶片是柔软的嫩草色，有2种类型，一种是叶片收缩的卷皱型，另一种是叶片收缩的小圆叶型。好看的卷皱型油菜花很受欢迎。

**养护**　将从年底开始上市的幼苗放置在向阳的地方，或者做成盆栽，土壤干燥时要浇足水。

# 黑种草属 ✿ ♧ ✿ 　　　　　　　　　　　　　　　*Nigell*

毛茛科／耐寒性秋种一年生草本植物 　　　别名：**黑子草** 　　花语：**迷茫**

原产地：欧洲南部
花　期：5~6 月　　　上市时间：1~5 月、9 月
用　途：盆栽、地栽、鲜切花、干花

**(特点)** 开出被细线状的总苞包裹着的独特花朵，花谢后结出气球般的果实。由于有香气的黑色种子，被称为"黑种草"，属名也是拉丁文"黑色"的意思。在其分枝较多的茎末端开出直径为 3~4 厘米的蓝色、粉色和白色的花，直立的茎长 60~80 厘米。既有单瓣品种，也有重瓣品种，还有高性种和矮性种等。袋状的果实是制作干花的材料，与花一样受欢迎。

**(养护)** 喜好日照，应放置在阳光充足的室外。待盆土表面干燥时浇水。

黑种草（*Nigella damascena*）

---

# 龙面花属 ✿ ✿ ✿ ♧ ✿ ♧ 　　　　　　　　　　　　　　　*Nemesia*

玄参科／非耐寒至半耐寒性秋种一年生草本植物 　别名：**耐美西亚** 　花语：**正直**

原产地：南非（开普地区）
花　期：4~6 月　　　上市时间：10 月~第二年 5 月
用　途：盆栽、地栽

**(特点)** 龙面花（*Nemesia strumosa*）在春季至初夏开出许多美丽的兰花状花朵，是该属的常见品种。另外，大花、有独特花纹的芳香龙面花有着丰富的花色，还有秋季开小花的宿根龙面花等品种。

**(养护)** 被雨水淋湿会损坏花朵，故应放在阳光充足的阳台等地方。盆土表面干燥时要从根部开始充分浇水，避免浇到花朵上。

龙面花

宿根龙面花

# 粉蝶花属

田基麻科／耐寒性秋种一年生草本植物　　　别名：琉璃唐草　　花语：处处成功

原产地：北美洲
花　期：3~5月　　上市时间：1~3月
用　途：盆栽、地栽

**特点**　英文名是"Baby blue eyes（婴儿的蓝眼睛）"，蓝色花朵的中心呈白色的粉蝶花（*Nemophila menziesii*）和白色花瓣的顶端有紫色斑点的斑花喜林草是在市面上经常能看到的品种。

**养护**　喜好凉爽干燥的气候，应放置在室外通风良好的地方，浇水时应避免过度湿润。摘除花瓣和枯萎的叶片。

上／粉蝶花（蓝花）和斑花喜林草（白花）
左／粉蝶花"黑便士"

# 涩荠属 

*Malcolmia*

十字花科／耐寒性秋种一年生草本植物　　　别名：离蕊芥、千果草

希腊荠

原产地：地中海沿岸
花　期：4~5月、9~10月　　上市时间：4月
用　途：地栽、盆栽

**特点**　高 20~40 厘米的茎顶端开有粉红色、玫瑰色、白色的4瓣花。从早春开始持续开花，整个春季都可以观赏花朵。耐寒能力强，在英国以一种小孩子也能轻松种植的植物而被人所熟知。希腊荠以英文名"Virginia stock"在市面上流通。

**养护**　地栽需选择日照充足、排水良好的地方。盆栽则放置在日照充足、通风良好的室外，盆土表面干燥时浇水。花期结束后收集种子，在秋季播种。

# 多花素馨 ◇

*Jasminum*

**木犀科／半耐寒性常绿藤本植物**　　别名：**素兴花**　　花语：**娇艳**

原产地：中国西南地区（云南省）
花　期：3~4月　　上市时间：9月、12月~第二年5月
用　途：盆栽、地栽

**特点**　多花素馨是作为香水原料的茉莉类植物的同属成员。在分枝多的藤蔓顶端开出30~40朵纯白色、气味甜美的花朵，植株高2~3米。花蕾粉色带紫，但开放后会变成白色，直至初夏都会陆续开花。从年底开始，就有造型盆栽上市，在冬季很受喜爱。

**养护**　从春季至秋季都应放置在日照良好的室外。较耐寒，日本东京以西的温暖地带可以选择放置在室外越冬，其余地区则需要放置在室内，温度保持在3℃以上。

多花素馨

# 花韭 ●◇◆

*Ipheion*

**葱科／耐寒性秋种球根植物**　　别名：**假韭**　　花语：**离别的悲伤**

原产地：墨西哥至阿根廷
花　期：3~4月　　上市时间：3~4月
用　途：盆栽、地栽

**特点**　花韭的叶片形似韭菜，鳞茎有异味，故日本人叫它"花韭"，早春时节会开出星状的花，英文名是"Spring star flower（春星花）"。白色或浅紫色的花瓣中间有紫色的条纹。黄花韭是其近亲。

**养护**　无日照则无法开花，因此需要放置在日照良好的室外。在冬季应待盆土表面干燥时充分浇水。

花韭"威利蓝"　　　　　　　　黄花韭

# 大花三色堇 / 堇菜 ●●●●○●○

*Viola×wittrockiana*

堇菜科／耐寒性秋、春种一年生草本植物　　别名：三色堇　　花语：思想

匍匐型堇菜"阿尔卑斯之翼"

大花三色堇"莎伦"

原产地：欧洲、西亚
花　期：11月～第二年5月
上市时间：9月～第二年4月
用　途：盆栽、地栽

**特点**　大花三色堇和堇菜基本上是同一个品种，但一般来说，开直径为8厘米以上的大花和直径为5~6厘米的中等花朵的三色堇叫"大花三色堇"，花的直径约为2厘米、花朵数量多的品种叫"堇菜"。不过也培育出了小花的三色堇和大花的堇菜，因此难以区分。最近匍匐型堇菜和宿根堇菜越来越受欢迎。从深秋开始就有植株会开花，冬季也可以赏花。

**养护**　冬季需要避开霜冻的影响，放置在日照充足的阳台或走廊。天气转暖后开始大量开花，此时则从根部开始充足浇水，避免浇到花朵上，仔细地摘除枯萎花瓣。

左上／宿根堇菜"Columbine"
左／大花三色堇"黑王子"

# 花菱草 ◆◆◆◇

*Eschscholzia*

罂粟科／耐寒性秋种一年生草本植物　别名：加利福尼亚罂粟　花语：**不要拒绝我**

花菱草

原产地：北美洲西部
花　期：4~6月　　上市时间：11月~第二年4月
用　途：盆栽、地栽、鲜切花

**特点**　4片金属质感的花朵在白天开放，晚上闭合。橙色的单瓣花最常见，但也有红色、黄色、乳白色等花色和重瓣的园艺品种。簇生花菱草的花朵会再小一圈。

**养护**　放置在通风良好和日照充足的室外。耐干燥，不喜盆土过度湿润，因此要等盆土表面十分干燥时再浇水。

簇生花菱草

# 狒狒草属 ◆◇◆

*Babiana*

鸢尾科／半耐寒性秋种球根植物　别名：穗咲菖蒲　花语：**离开的爱**

原产地：南非（开普地区）
花　期：4~5月　　上市时间：2~4月
用　途：盆栽、地栽、鲜切花

**特点**　日文名是"穗咲菖蒲"。花是紫色的，花茎长30厘米，穗短，有从下往上开的狒狒花（*Babiana stricta*）和蓝紫色花朵中心是绯红色的红蓝狒狒草等品种。

**养护**　春季，直到植株地表部分枯萎时，都需要放置在日照充足的室外。不耐寒，晚秋则需要移至室内，放在温暖的窗边。

红蓝狒狒草

狒狒花

# 风信子 ◆◆◆◇◆

风信子科／耐寒性秋种球根植物　　　别名：洋水仙　　　花语：胜负、游戏

原产地：希腊、土耳其、叙利亚
花　期：3~4月　　上市时间：9月~第二年4月
用　途：盆栽、地栽、鲜切花、水培

**特点** 从长长的肉质叶片中间长出的粗壮花茎上开满了气味香甜的穗状花朵。有单瓣和重瓣品种，花色也很丰富。在室内可以欣赏鲜切花和水培花卉。

**养护** 若想在室内欣赏开放的花朵，应在移至室内前，让其经受一定程度的冷处理。

风信子

风信子"冬青"

# 剪秋罗 ◆◆◇◆

石竹科／耐寒性春、秋种一年生草本植物　　　别名：小麦仙翁、梅花抚子

原产地：地中海沿岸
花　期：5~6月　　上市时间：4~6月
用　途：地栽、盆栽、鲜切花

**特点** 剪秋罗的日文名是"小麦仙翁"，也叫"樱雪轮（Silene coeli-rosa）"，又因其形似梅花，也叫"梅花抚子"。在分枝多的 30~50 厘米的细长茎顶端开出直径为 2~3 厘米的 5 瓣花。花色有紫红色、白色、红色、粉色等，也作为鲜切花出售。

**养护** 地栽需选择日照充足和排水良好的地方。盆栽放置在日照充足和通风良好的室外，不耐湿润，夏季需要移至凉爽的半阴处避雨。

剪秋罗"玫瑰天使"

# 岩白菜属 ◆○

*Bergenia*

虎耳草科／耐寒性多年生草本植物　　别名：**岩壁菜**　　花语：**爱情、绝望的爱情**

岩白菜

原产地：喜马拉雅山区及周边地区
花　期：2~5月　　上市时间：1月
用　途：盆栽、地栽、岩石花园

**特点**　　高 10~60 厘米，地表的粗壮根茎上长有大而圆、有光泽、呈扇形的叶片，开出形似梅花的粉色花朵。从 2 月开始开花，叶片在寒冷的天气下会变成紫红色。冬季的红色叶片很漂亮，也作为叶材使用。花朵颜色有粉色、深粉色和白色。

**养护**　　不耐高温，强光会引起叶片灼伤，夏季需避开西晒，放置在通风良好的半阴处。盆土表面干燥时充分浇水。

# 钟穗花属 ◆

*Phacelia*

田基麻科／耐寒性秋种一年生草本植物　　别名：**沙铃花**

原产地：美国（加利福尼亚州）
花　期：5~6月　　上市时间：3~4月、6月、11~12月
用　途：盆栽、地栽

**特点**　　开出直径约为 2 厘米的深蓝色的美丽钟形花的钟穗花、螺旋状花穗、在初夏开出雄蕊伸出的浅蓝色花朵的芹叶钟穗花等是主要的园艺品种。

**养护**　　放置在日照充足和通风良好的室外。不耐高温和湿润天气，夏季需要移至凉爽的避雨处，保持一定程度的干燥。

芹叶钟穗花
（*Phacelia tanacetifolia*）

钟穗花（*Phacelia campanularia*）

# 倒挂金钟

柳叶菜科／常绿半灌木　　别名：**吊钟海棠、灯笼花**　　花语：**信赖的爱**

原产地：新几内亚岛、新西兰、塔希提、中美洲、南美洲、
　　　　西印度群岛
花　期：4~6月　　上市时间：2月、5~9月、11月
用　途：盆栽、垂吊盆栽

**特点**　花朵像垂吊的风铃，花筒顶端有 4 片裂开的
萼片，花瓣从花萼里探出头来，雄蕊和雌蕊较长，
因其舒展的姿态，英文名为
"Lady's eardrops（贵妇耳饰）"。
花萼和花瓣的色彩都很丰富。

**养护**　不耐高温，夏季尽量放
在通风良好的凉爽半阴处，控
制浇水量。

倒挂金钟"金色纪念日"

倒挂金钟盆栽

# 蚁播花属

百合科／耐寒性秋种球根植物　　别名：**蓝条海葱**

原产地：小亚细亚至伊拉克北部、伊朗
花　期：3~4月　　上市时间：9月
用　途：地栽、岩石花园、盆栽

**特点**　市面上常见的是高 10~20 厘米的蚁播花
变种——黎巴嫩蓝条海葱，形似小型风信子。
其白色花瓣上有深蓝色的花纹。

**养护**　喜凉爽气候。夏
季地栽需要选择有树荫
的落叶树下等。盆栽则
待地上部分枯萎后停止
浇水，连盆晾干。

黎巴嫩蓝条海葱

# 报春花属 ◆◆◆◇◆◇ *Primula*

报春花科／非耐寒或耐寒性一年生草本植物、多年生草本植物　　别名：西洋樱草　　花语：自恋

多花报春和朱利安报春

原产地：欧洲、中国
花　期：12 月～第二年 3 月
上市时间：9 月～第二年 3 月
用　途：盆栽、地栽

**特点**　在日本，外国原生的常绿品种被称为"报春花"，与其原生的樱草相对应，是宣告春天来临的代表性盆栽，十分受欢迎。除黑色外，拥有缤纷多彩花色的多花报春和朱利安、类似樱草的秀丽品种樱花草、花色柔和的四季报春，以及开出散发轻微香气的黄色花朵、层层叠叠点缀在枝头的邱园报春和藏报春，开出红色小花的红樱草等品种。

**养护**　报春花属植物都喜好日照，光线不足则开花情况不好，放置在室内的盆栽要在天气晴朗时搬到室外，接受日照。盆土表面干燥时充分浇水。

樱草"龙田之夕"

邱园报春

四季报春"映红"

红樱草

藏报春

上／多花报春"靛蓝小姐"
右／樱花草"夜莺"

# 贝母属

百合科／耐寒性秋种球根植物　　别名：璎珞百合　　花语：威严、天上的爱

波斯贝母

王贝母"Rubra maxima"

原产地：地中海沿岸、伊朗、中国、日本
花　期：4~5 月　　上市时间：1~4 月
用　途：盆栽、地栽、鲜切花

**特点**　贝母属的成员也包括日本原生的黑百合和贝母。其吊钟形花朵向下开放，并因独特的花形而受到喜爱。花朵像王冠般的王贝母，直立的花茎上开出 20~40 朵紫褐色小花的波斯贝母是大型品种。也有花瓣上带有独特的纹路、在文艺复兴时期的壁画上也有出现的花格贝母，还有茶褐色的花瓣上长有黄色花纹的米氏贝母等小型品种。

**养护**　放置在日照充足、通风良好的室外，避免盆土干燥，一旦表面干燥则浇水。开花后使整个盆栽保持干燥，放在避雨的凉爽处越夏。

右上／花格贝母
右／米氏贝母

# 五色菊 ❀ ❀ ○ ❀

菊科／半耐寒或耐寒性多年生草本植物、一年生草本植物　　别名：**丝河菊、雁河菊**

原产地：澳大利亚南部、新西兰
花　期：4~5 月　　上市时间：3~5 月、12 月
用　途：盆栽、地栽、岩石花园、垂吊盆栽

（**特点**）　分枝多的细长茎顶端开着许多直径约为 3 厘米的蓝紫色花朵，主要流通的品种有鹅河菊（*Brachyscome iberidifolia*）。此外，还有开出惹人怜爱、形似野菊花的 *Brachyscome diversifolia* 和多裂鹅河菊等。

（**养护**）　放置在日照充足和通风良好的室外。不耐高温多湿的天气，夏季要尽量放在避雨的半阴处。

鹅河菊

多裂鹅河菊

# 小苍兰 ❀ ❀ ❀ ❀ ○ ❀

鸢尾科／半耐寒性秋种球根植物　　别名：**浅葱水仙**　　花语：**情意**

原产地：南非（开普地区）
花　期：3~4 月　　上市时间：11 月~第二年 3 月
用　途：盆栽、地栽、鲜切花

（**特点**）　小而香的花朵在花柄末端向一侧开出一排。花色丰富，有单瓣、半重瓣或重瓣，花形和株形大小不一。

（**养护**）　不耐寒，应放置在阳光充足的室内。当盆土表面开始干燥时大量浇水。花期结束后摘除花朵。

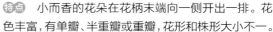

小苍兰"玛丽娜·索菲娜"

小苍兰"蓝色天堂"

# 蓝雀花 ◆

*Parochetus*

豆科／耐寒性多年生草本植物

原产地：中国西南部至斯里兰卡、东南亚高地
花　期：3~6月、10~11月　上市时间：11月~第二年5月
用　途：盆栽、地栽

蓝雀花

**特点**　花茎从爬满地面的每一个茎节上伸出，开出蝴蝶状的蓝色花朵。花从早春时节开始开放，仲夏时节则休整，到天气凉爽时再次开放。长柄末端的3片小叶上有棕褐色的半圆形斑纹，即使不开花的时候也很美。属名来源于希腊语"溪边"，因为蓝雀花生长在潮湿的地方。

**养护**　放置在日照好的室外，夏季移至半阴处。当盆土表面干燥时浇水。

# 蓝雏菊 ◆◇◆

*Felicia*

菊科／半耐寒性多年生草本植物、秋种一年生草本植物　　别名：**蓝费利菊、蓝菊**　　花语：**纯粹**

原产地：南非
花　期：3~6月　　上市时间：几乎全年
用　途：盆栽、地栽、鲜切花

**特点**　直径为3~4厘米的钴蓝色花朵，与黄色的中心形成鲜明对比，给人以时髦的感觉。蓝雏菊的英文名是"Blue daisy"，也有斑叶品种。中心呈深紫色的蓝雏菊是一年生草本植物。

**养护**　放置在日照充足和通风良好的室外。花期结束后把花柄从花茎根部剪除。开花后剪去1/3。

蓝雏菊"丹青"

异叶蓝菊"春日童话"

# 粗尾草属 ◐ ♡

*Bulbinella*

阿福花科／耐寒性多年生草本植物　　　别名：**猫尾巴**　　花语：**左来右往、休息**

黄花棒

原产地：南非、新西兰
花　期：3~4 月　　上市时间：11 月 ~ 第二年 3 月
用　途：盆栽、地栽、鲜切花

**特点**　主要栽培品种黄花棒的花茎长约 1 米，小穗顶端有许多浅黄色的花，如星星般从下往上陆续开出。高度在 1 米以下开橙色花的品种和高度在 1 米以上开白花的品种，作为鲜切花也很受欢迎。

**养护**　放置在日照充足的户外，开花后将花茎从根部剪除。夏季植株地表部分枯萎后休眠，此时应停止浇水。地栽时需要挑选日照和排水良好的地方，冬季注意避免霜冻，做好防寒措施。

# 肺草属 ◐ ♡ ◆

*Pulmonaria*

紫草科／耐寒性多年生草本植物

原产地：欧洲至温带亚洲
花　期：4~5 月　　上市时间：3~5 月
用　途：盆栽、地栽

**特点**　叶片上有浅绿和银灰色斑点、开蓝紫色花的药用肺草作为一种药草被人们使用。此外，还有开粉色，后期花瓣隐约变蓝的甜肺草；粉色花蕾，开放则变成蓝色，叶片无斑点的狭叶肺草等品种。

**养护**　耐寒，不耐高温多湿，因此夏季尽量避免西晒，放置在凉爽的半阴处。盆土表面干燥时大量浇水。

白花药用肺草

药用肺草

# 木薄荷属 ❀◖◇◗❀

唇形科／半耐寒性常绿灌木、小乔木

木薄荷（*Prostanthera baxteri* var. *sericea*）

木薄荷"薄荷钟"

原产地：澳大利亚西南部、东南部和塔斯马尼亚州
花　　期：3~5 月　　上市时间：2~4 月
用　　途：盆栽、地栽

**特点**　拉丁语属名有"绢丝状"的意思，因为茎和叶上长满了细毛，所以得此名。全株呈银白色，开着粉红色的小花的品种是 *Prostanthera baxteri* var. *sericea*。英文名是"Mint bush"或"Mint bell"的品种的叶片被触摸时会散发薄荷香味，也作为香料被利用。

**养护**　从春季到秋季，放置在日照充足和通风良好的室外。盛夏时应避免日晒，移至凉爽的半阴处。冬季放在走廊或室内，避免受冻。盆土表面干燥时浇水。

圆叶木薄荷"Mint bush"

# 番茉莉属 ◇ ◆

茄科／半耐寒性常绿灌木　　　别名：**香番茉莉**

原产地：巴西南部、巴拉圭、阿根廷
花　期：4~6月　　上市时间：3~6月、8~9月
用　途：盆栽、地栽

**特点**　日文名是"香番茉莉"，花与茉莉的花类似，有香气，夜晚香气会更加浓郁。花的颜色会从紫色逐渐变为白色，一株上会有2种颜色的花。英文名为"Yesterday today and tomorrow"。鸳鸯茉莉的盆栽耐寒性强。

**养护**　从冬季到春季放置在日照充足的室内。不喜强光，因此夏季放在室外的半阴处。盆土表面干燥时浇水，避免过湿。冬季叶片凋落，到了春季会再冒出新芽。

鸳鸯茉莉

# 长阶花属 ◆ ◇ ◆

*Hebe*

玄参科／非耐寒或耐寒性常绿小灌木

原产地：新几内亚、新西兰、南美洲
花　期：4~6月　　上市时间：几乎全年
用　途：盆栽、鲜切花

**特点**　属名来源于希腊神话里的赫拉克勒斯妻子赫柏。白色和红粉色的小花一簇一簇地开着，十分漂亮。在欧洲等地用地栽的方法种植，但由于不耐日本夏季的高温高湿，所以日本一般作为盆栽种植。

**养护**　从春季到秋季放在日照充足和通风良好的室外。夏季移至避雨的凉爽半阴处。待盆土表面干燥时再浇水。

上／长阶花（紫花品种）
右／长阶花"桃乐丝桃子"

# 凉菊 ❀

*Venidium（= Arctotis）*

菊科／半耐寒性多年生草本植物、秋种一年生草本植物　　别名：**蛇目菊**　　花语：**美丽常新**

原产地：南非
花　期：3~5月　　上市时间：1~4月
用　途：盆栽、地栽、鲜切花

**（特点）**　有光泽的橙色花朵直径约为8厘米，中心的深褐色蛇眼花纹非常显眼，因此日文名是"蛇目菊"。花只有在有阳光的白天开放，晚上或阴天就会闭合。属名在拉丁语中是"脉络"的意思，源自植株茎上的清晰脉络。

**（养护）**　没有日照则无法开花，故盆栽应放在日照充足和通风良好的室外，不喜盆土过度湿润，表面干燥时浇水。地栽要选择日照充足的地方。

凉菊（ *Venidium fastuosum* ）

# 家天竺葵 ❀❀❀○❀

*Pelargonium×domesticum*

牻牛儿苗科／半耐寒性多年生草本植物　　别名：**大花天竺葵**　　花语：**真实的爱**

原产地：南非
花　期：3~5月　　上市时间：2~6月
用　途：盆栽

**（特点）**　天竺葵属的一员，会开出雍容华贵的美丽花朵，只开春季到初夏一季，开花时间有限。花色丰富，有粉色、鲑鱼色、环状花纹等，有从大朵到小朵的各种品种。

**（养护）**　淋雨对花朵不好，应放在日照充足的走廊等地，夏季移至半阴处。花谢后仔细摘除花柄。

家天竺葵　　　　　　　　家天竺葵"天使棒"

# 杯子菊属 ◆

菊科／耐寒性多年生草本植物

原产地：南非北部
花　期：5 月　　上市时间：4~5 月
用　途：地栽、盆栽、鲜切花、干花

**特点**　茎很细，叶片呈细羽状，高 40~60 厘米，茎顶端开有直径为 3~4 厘米的黄色球形花，一直到梅雨季前才陆续开花。它的形态与草本植物丹参相似，也有类似的浓郁香味，但这个品种的花更大，叶片更细。由于不会褪色，故可用于鲜切花和干花。

**养护**　地栽需选择日照充足、稍稍干燥的地方，紧凑培育。盆栽则放在日照充足的室外，不喜盆土过度湿润，表面干燥时再浇水。

杯子菊（ *Pentzia grandiflora* ）

---

# 牡丹 ● ● ● ● ◇ ❀

*Paeonia*

芍药科／耐寒性落叶灌木　　别名：**牡丹花**　　花语：**羞涩、富贵**

原产地：中国
花　期：4~5 月　　上市时间：9 月~第二年 5 月
用　途：地栽、盆栽、鲜切花

**特点**　长期以来，牡丹以其丰富的色彩和多变的花形受到人们的喜爱。在中国，牡丹自古以来就有"百花之王"的美称。除了春季开花的品种，还有在初冬和春季两次开放的寒牡丹。

**养护**　放在日照充足和通风良好的室外，夏季应避免西晒，放在凉爽半阴处。花期结束后剪除花朵。

寒牡丹

牡丹"岛锦"

111

# 罂粟属 ◆◆◆◇✿

*Papaver*

罂粟科／耐寒性秋种一年生草本植物、多年生草本植物　　花语：安慰

冰岛罂粟

虞美人

原产地：欧洲、亚洲、北美洲西部
花　期：4~6月　　上市时间：3~4月
用　途：盆栽、地栽、鲜切花

**特点**　罂粟是罂粟属植物的总称，现在主要栽培的品种有开橙色、黄色花朵的冰岛罂粟，开紫红色、粉红色花朵的虞美人，以及在粗壮花茎顶端开出大朵花，比其他品种花开得晚，茎叶上有硬毛的鬼罂粟3种。这3个品种都以其精致、纤细的花朵受到欢迎。

**养护**　耐寒，喜好阳光，应放在日照充足的室外。较耐干燥，盆土表面干燥时对根部大量浇水，避免浇到花朵。

鬼罂粟

# 石南香属 ◆◆◆◇◆

芸香科／非耐寒性常绿灌木　　别名：波罗尼亚花　　花语：有求必应

异叶石南香

大柱石南香"钱德利"

原产地：澳大利亚南部
花　期：3~5 月　　上市时间：2~4 月
用　途：盆栽、鲜切花

**特点**　一种很受欢迎的盆栽花卉，呈钟形的花朵小而香，盛开在细长而直立的枝条上。最常见的品种是被称为粉色波罗尼亚花的异叶石南香，花色为深粉色和白色。最近，花瓣下方是深棕色，花朵呈壶形，被称为棕色波罗尼亚花的大柱石南香及其变种，开黄花的"卢特安（Lutea）"和开星形花的羽叶石南香也有出现在市面上。

**养护**　从春季到秋季放在日照充足和通风良好的室外，夏季移至半阴处，冬季放在避霜的南向阳台或放入室内。不耐干燥，盆土表面开始干燥时就要浇水。

马齿石南香"粉红热情"

羽叶石南香"悉尼"

# 玛格丽特 ◆◆ ◇

*Argyranthemum（＝Chry）*

菊科／半耐寒性多年生草本植物、常绿灌木　　别名：**木春菊**　　花语：**恋情占卜**

各种玛格丽特

橙色玛格丽特

原产地：加那利群岛

花　期：3~6月　　上市时间：12月~第二年7月

用　途：盆栽、地栽、鲜切花

**特点**　玛格丽特的白花品种开出许多大朵的单瓣花，植株具有观赏性，十分受欢迎。有与春菊杂交的黄花、粉花品种，以及最近还有开出橙色花的品种。除单瓣外，还有重瓣、丁字花形的品种，有适合盆栽的高约20厘米的矮性种，以及高约120厘米，用于鲜切花的高性种等许多培育品种。

**养护**　喜好阳光，可放在日照充足和通风良好的室外。仔细摘除花柄，在所有的花开完后，修剪至原来的1/3，放置在凉爽的半阴处。寒冷地区则要在冬季把盆栽移至室内。

右上／玛格丽特（丁字花形）

右／玛格丽特"夏日旋律"

# 蔓炎花属 ◆

茜草科／非耐寒性常绿蔓性多年生草本植物　　别名：**粗毛火焰草**

原产地：巴拉圭、乌拉圭
花　期：5~11月　　上市时间：4~12月
用　途：盆栽

(特点)　主要上市品种的英文名是"Firecracker vine"，日文名是"粗毛火焰草"。植株长2~4米，叶片尖，呈卵圆形，叶片边上长有长约2厘米的圆柱形花。花色鲜红，花的先端是黄色的且微微向后弯曲，基部有粗大的茸毛。

(养护)　开花期应放在日照充足的室内，从初夏开始到秋季放在日照充足和通风良好的室外。到了晚秋，需放入室内，放在暖和的窗边等，温度保持在8℃以上。

双色蔓炎花

# 沟酸浆属 ◆◆◆◇

玄参科／半耐寒性秋种一年生草本植物、多年生草本植物　　别名：**猴面花**

原产地：南非、北美洲
花　期：3~9月　　上市时间：2~7月
用　途：盆栽、地栽

(特点)　与在日本野生的尼泊尔沟酸浆同属。沟酸浆开一种漏斗形的花，在艳丽的红色或黄色的底色上有大面积的斑纹，像猴子的脸，所以它的英文名叫"Monkey flower"。最近，市场上出现了大面积无斑点、粉色和橙色的神秘系列，也引起了人们的关注。

(养护)　放在日照充足和通风良好的室外，仔细摘除花柄。由于是湿地性植物，因此夏季应移至避开西晒的凉爽半阴处，盆土表面干燥前浇水。

沟酸浆

# 忘都草 ❀◇❀

*Miyamayomena*

菊科／耐寒性多年生草本植物　　别名：**野春菊**　　花语：**分别、强烈意志**

忘都草"江户紫"

原产地：**日本（关东地区以西）**
花　期：**4～5月**　上市时间：**2～4月**
用　途：**盆栽、地栽、鲜切花**

**特点**　忘都草是日本在江户时代后期，根据野外生长的野春菊培育出的园艺品种。一直以来，忘都草以其漂亮整洁的外观而受到人们的欢迎。据说，在承久之乱中失败的顺德天皇被流放到佐渡岛，看到这朵花就忘记了京都的荣光。除紫花外，也有粉花和白花品种。

忘都草"滨乙女"

**养护**　放在日照充足的室外，夏季应避免西晒，移至凉爽的半阴处。不耐干燥，盆土表面开始干燥时浇水。

# 堇花兰属 ❀❀❀◇❀

*Miltonia（Milt.）*

兰科／附生兰　　别名：**堇色兰**　　花语：**爱的到来**

原产地：**哥伦比亚、厄瓜多尔、巴西**
花　期：**3～7月**　上市时间：**1～7月**
用　途：**盆栽**

**特点**　因花瓣基部的花纹像三色堇，多色花瓣闪耀着天鹅绒般的光泽，又被称为"堇色兰"。在兰花开花较少的早春到初夏上市。

**养护**　放在日照充足的室内窗边，夏季移至户外的半阴处。不耐干燥，应避免盆土干燥。冬季室内温度要保持在10℃以上。

显著丽堇兰

堇花兰"奥米"

# 葡萄风信子属 ❀ ♢ ❀

天门冬科／耐寒性秋种球根植物　　别名：**蓝壶花**　　花语：**失望、失意**

亚美尼亚葡萄风信子（紫花）和葡萄风信子"相册"（白花）

亚美尼亚葡萄风信子"蓝钉子"

原产地：欧洲、地中海沿岸、亚洲西南部
花　期：4 月　　上市时间：11 月～第二年 4 月
用　途：盆栽、地栽、鲜切花

**特点**　亚美尼亚葡萄风信子以密集的瓮形小花、深蓝色小花和白色边框而出名。园艺品种有重瓣的"蓝钉子"和矮生种等，还有叶片细密、高度低、花少的葡萄风信子，叶片稍宽、花为双色的宽叶蓝壶花，以及开着粉紫色羽状花的缨饰蓝壶花。

**养护**　喜好阳光，因此放在日照充足和通风良好的室外，盆土表面干燥后大量浇水。花期结束后，为使球根生长，应尽早摘除花柄。

缨饰蓝壶花"李子"

宽叶蓝壶花

# 飞燕草属 ◆◆◇◆

*Consolida*

毛茛科／半耐寒或耐寒性一年生草本植物　　别名：千鸟草、彩雀

原产地：欧洲南部
花　期：4~5 月　　上市时间：4 月
用　途：地栽、鲜切花、盆栽

**特点**　高 30~100 厘米，茎细长，叶片呈细裂状，开出许多蓝紫色、红色、粉色、白色的穗状花朵，经常用作打造花坛的植物、鲜切花、干花，深受欢迎，英文名是"Larkspur"。还有其他品种，如高 30~45 厘米的矮性种和重瓣品种等。

**养护**　地栽时，不喜多次移植，应选择日照充足的地方进行直播。盆栽则应放在日照充足和通风良好的室外，盆土表面充分干燥后再浇水。

飞燕草

# 欧丁香 ◆◇◆◇

*Syringa*

木犀科／耐寒性落叶小乔木　　别名：紫丁香花　　花语：回忆

原产地：欧洲东南部至西亚
花　期：5~6 月　　上市时间：1~4 月、8 月
用　途：地栽、盆栽、鲜切花

**特点**　这是一种开出散发着甜美香气的小花，高约 5 米的花木，以欧丁香的名字被人们所熟知。小叶丁香是原产于中国，高约 1 米的矮性种。

**养护**　日照越充足，开花情况越好。尽量放在日照充足和通风良好的室外，夏季应避免西晒，移至凉爽的半阴处。

上／小叶丁香
右／欧丁香

# 立金花属 ◆◆◆◇◆◆

*Lachenalia*

天门冬科／半耐寒性秋种球根植物　　别名：**纳金花**　　花语：**任性**

原产地：**南非（开普地区）**
花　期：**12 月～第二年 4 月**　　上市时间：**2~3 月**
用　途：**盆栽、鲜切花**

（**特点**）　从厚实细长的叶片中长出 10~30 厘米长的花茎，下面的小穗上开出五颜六色的蜡制品般的花朵。有两种类型的花：一种呈下垂的笔筒形，另一种呈向上开花的风信子形，春季开花，也有一些在秋冬季开花。

（**养护**）　不耐严寒，应放置在南向阳台等地。不喜过度湿润，盆土表面干燥后浇水。

垂吊形立金花
（*Lachenalia bulbifera*）

风信子形立金花
（*Lachenalia unicolor*）

# 花毛茛 ◆◆◆◇◆

*Ranunculus*

毛茛科／半耐寒性秋种球根植物　　别名：**芹叶牡丹**

原产地：**欧洲东南部至中近东**
花　期：**4~5 月**　　上市时间：**12 月～第二年 4 月**
用　途：**盆栽、地栽、鲜切花**

（**特点**）　花瓣富有光泽，开出好几层的绚丽花朵。有花的直径在 15 厘米以上的超大朵品种和大朵品种，适合盆栽、高度在 20 厘米前后的"矮盆"和长出覆盖地面的花茎的多年生草本植物"金币"等品种。

（**养护**）　放在日照充足的窗边。"金币"在开花后剪除 1/2，秋季会再次开花。

上／花毛茛 "矮盆"
左／花毛茛 "金币"

# 长管鸢尾属 ◆◆◇◆

*Lapeirousia*

鸢尾科／半耐寒性秋种球根植物

原产地：南非
花　期：3~5 月　　上市时间：2~4 月
用　途：盆栽、鲜切花

**特点**　植株高 20~40 厘米，开出令人喜爱的野花般的花朵。有下侧花瓣根部有深红色斑纹的拉培疏鸢尾和以"小胭脂"名字流通的石竹长管鸢尾等品种。

**养护**　放置在日照充足的室内窗边。开花后逐渐控制浇水量。地表部分枯萎后使整个盆栽干燥。

拉培疏鸢尾

石竹长管鸢尾

# 野芝麻属 ◆◇◆

*Lamium*

唇形科／耐寒性多年生草本植物　　别名：**野藿香**

原产地：北非、欧洲、亚洲温带地区
花　期：4~6 月　　上市时间：4~7 月
用　途：地栽、地被植物、盆栽

**特点**　同属的还包括日本野生的野芝麻，欧洲原产的紫花野芝麻（*Lamium maculatum*）被用作地被植物和垂吊盆栽、组合盆栽等。分为 3~4 段开放的粉红色小花，在茎的周围开放。卵形叶片中间有灰白色的条纹，十分美丽。有些品种的叶片是黄绿色或银白色的。

**养护**　放在通风良好、明亮的半阴处。向根部浇水，避免浇到长有细毛的叶片上。花期结束后，剪除老茎，修剪植株。

紫花野芝麻（*Lamium maculatum*）

# 柳穿鱼属

玄参科／耐寒性秋种一年生草本植物、多年生草本植物　　　别名：姬金鱼草

原产地：北半球的温带地区
花　期：3~6 月　　上市时间：1~5 月
用　途：地栽、岩石花园、盆栽、鲜切花

**特点**　摩洛哥柳穿鱼在其原产地自古就有栽培。在初夏开出类似金鱼草的穗状小花。植株高约 20 厘米的"孔雀鱼"适合用于装饰花坛的周围和组合栽种。高性种的柳穿鱼（*Linaria purpurea*）是多年生草本植物，在夏季快结束时开花。

**养护**　放在日照充足和通风良好的室外，盆土表面干燥后大量浇水。

摩洛哥柳穿鱼"孔雀鱼"

*Linaria purpurea* "坎农温特"

# 彩虹菊

番杏科／半耐寒性秋种一年生草本植物　　　别名：彩虹花、红玻璃

原产地：南非
花　期：4~5 月　　上市时间：3 月
用　途：盆栽、地栽、岩石花园

**特点**　在春季，开满了色彩鲜艳、闪着金属光泽的雏菊般的花朵。花朵直径约为 4 厘米，有十几片细长的花瓣，很多花瓣中心有蛇眼的图案。它在阳光下开放，在傍晚或阴天时闭合。肉质的匙形叶和匍匐茎上覆盖着粗大的透明晶体。

**养护**　喜阳光直射，在阴凉处不开花，应尽量放在室外阳光充足的地方。耐干燥，盆土充分干燥后浇水。花期长，应尽早摘除花柄。

彩虹菊

春

# 沼沫花属 ❀ ♢

沼沫花科／耐寒性秋种一年生草本植物　　别名：沼花

原产地：北美洲
花　期：4~6月、8~10月　　上市时间：3~5月
用　途：盆栽、地栽

**特点**　属名是根据希腊语"沼泽的花"命名的，因为它原产于湿地。该属植物主要由大花薫兰栽培而来，其茎分枝多，长有羽状叶片，匍匐生长，从叶片中长出长长的花柄，开出直径约为2厘米的花朵并散发香气。5片花瓣的顶端微微凹陷，中央为黄色，周边为白色，爱称是"荷包蛋花"。

**养护**　接收不到日照则花会闭合，应尽量放在阳光充足的室外。不喜干燥，盆土表面干燥前就要浇水，但不要浇过多，注意修剪植株。

沼沫花

# 白棒莲属 ❀ ♢ ❀

石蒜科／半耐寒性秋种球根植物　　别名：耀阳花　　花语：温暖的心

辉熠花"纯白"

原产地：智利
花　期：5~6月　　上市时间：4月
用　途：盆栽、鲜切花

**特点**　属名在希腊语中的意思是"白色的棍棒"。这个名字来源于从花的基部凸出的3枚假雄蕊。又细又硬的花茎顶端开出几朵优美的星形花，由于花有甜美的香气，花期又长，所以作为鲜切花很受欢迎。有乳白色或紫色花的辉熠花（*Leucocoryne ixioides*）和紫色的花瓣上带有红紫色环状花纹的紫花白棒莲等品种。

**养护**　温暖地区可以地栽，温暖地区以外的地方需要盆栽，放在日照充足和通风良好的室外。叶片枯萎后，使整个盆栽干燥。晚秋时放入室内，放在窗边越冬。

# 羽扇豆属 ◆◆◆◇◆

豆科／耐寒性多年生草本植物、一二年生草本植物　　别名：升藤、鲁冰花　　花语：贪欲、空想

多叶羽扇豆（后）和羽扇豆（*Russell × Minarett*）（前）

原产地：地中海沿岸、北美洲
花　期：4~6月　　上市时间：2~6月
用　途：盆栽、地栽、鲜切花

**特点** 从手掌形的叶片中开出蝶形的花朵，花穗向上生长，从春季到初夏开花。多叶羽扇豆有长到60厘米以上的大花穗，也有把多叶羽扇豆改良为小型品种的盆栽，即羽扇豆（*Russell × Minarett*），以及开散发隐约香气的黄色花朵，花瓣顶端为白色，整体被柔软的毛覆盖的羽扇豆（*Lupinus micranthus*）。因其叶片的形状，在日语里还有羽团扇豆的别名。

**养护** 不喜严寒和高温多湿的天气，喜好日照，故应放在通风良好和日照充足的室外，盆土表面充分干燥后浇水。对属于多年生草本植物的植株在开花后剪除花穗。

左上／黄花羽扇豆
左／小花羽扇豆

123

# 露薇花属 ● ● ◇ ✤

春

*Lewisic*

马齿苋科／耐寒性多年生草本植物　　别名：琉维草

原产地：北美洲西北部
花　期：4~6月　　上市时间：11月~第二年7月
用　途：盆栽、岩石花园

**特点**　厚实的叶片呈莲座状生长，从中心长出约10厘米的花茎，开出许多花朵。以前，爱好者将其作为野草进行培育，最近也作为盆栽推向市场，受到欢迎。分为常绿型和花期结束后叶片枯萎的落叶型，常绿的园艺品种是主流。

**养护**　放在通风良好和日照充足的避雨阳台和窗边，夏季应避免西晒和雨淋，移至凉爽的半阴处。盆土充分干燥后浇水，避免浇到叶片上。

露薇花

---

# 百脉根属 ● ●

*Lotus*

豆科／半耐寒性多年生草本植物　　别名：五叶草

原产地：加那利群岛至维德角半岛
花　期：4~5月
上市时间：2~6月、9月、12月
用　途：盆栽

**特点**　茎叶上长满了白毛，看起来像银白色的鹦鹉嘴百脉根开出橘红色的花，如同鸟嘴般，植株高60厘米左右。花色橙红，直径为3~4厘米，形似鸟喙，故有"鹦鹉嘴"之称。金斑百脉根的茎较粗，橙黄色的花瓣周边带有红晕。

**养护**　春季和秋季放在通风良好和日照充足的室外。夏季应避免西晒和雨淋，移至通风良好的半阴处。盆土表面干燥后浇水。晚秋时放入室内，温度保持在5℃以上。

鹦鹉嘴百脉根

# 野草莓 ○ 果实 ●○

蔷薇科／耐寒性多年生草本植物　　别名：**森林草莓**　　花语：**敬慕和爱**

野草莓

原产地：欧洲、亚洲
花　期：4~6月（果期5~7月）　　上市时间：3~5月
用　途：地栽、地被植物、盆栽

**特点**　夏季开白花，浆果小而香，是一种野生草莓。从14世纪起就开始栽培。由于它的葡匐茎会蔓延生长，所以也用作地被植物。有的品种结的是白色浆果，有的品种被称为"高山草莓"，不长葡匐茎。

**养护**　地栽应选择日照充足和排水良好的地方，盆栽则放在通风良好和日照充足的室外。不喜过度湿润，盆土表面干燥后充分浇水，清理枯萎的叶片。

# 勿忘草 ●○●

*Myosotis*

紫草科／耐寒性一年生草本植物、多年生草本植物　　别名：**勿忘我**　　花语：**勿忘我**

原产地：欧洲、亚洲
花　期：4~5月　　上市时间：3~4月
用　途：盆栽、地栽、鲜切花

**特点**　茎叶细长，常从植株基部分枝，开出许多惹人怜爱的蓝紫色花朵，花朵上长有黄色花纹。品种有植株高约10厘米的矮性种和用于鲜切花的高30厘米以上的高性种，除了基本品种的蓝花外，还有粉色和白色花的园艺品种。勿忘我是其英文名"Forget me not"的直译。

**养护**　放在通风良好和日照充足的室外。不耐干燥，盆土表面开始干燥时大量浇水，但要避免过量，防止只长叶片不开花。

勿忘草

# 风蜡花属 ◆◆◇◆

*Chamelaucium*

桃金娘科／半耐寒性常绿灌木　　别名：杰拉尔顿腊花

钩状风蜡花

原产地：澳大利亚西南部
花　期：4~6 月　　上市时间：1~3 月
用　途：盆栽、鲜切花、地栽

**特点**　枝叶细如针状，常分枝并开出 5 瓣小花。枝梢开出的粉红色或白色小花有着蜡制品般的光泽。作为进口切花，很早就在市场上流通，但现在也有经过改良的蜡花品种的盆栽在市场上流通，非常受欢迎。"Wax flower"是其英文名。

**养护**　放在通风良好和日照充足的室外，不喜雨水，梅雨季节要移至走廊或阳台。冬季应放在室内明亮的窗边。不喜过湿，盆土表面充分干燥后浇水。

# 弯管鸢尾属 ◆◆◆◇

*Watsonia*

鸢尾科／半耐寒性秋种球根植物　　别名：姬扇水仙　　花语：丰富的内心

原产地：南非（开普地区）、马达加斯加
花　期：4~6 月　　上市时间：4~6 月
用　途：盆栽、地栽、鲜切花

**特点**　高 50~120 厘米。弯管鸢尾和小型的唐菖蒲相似，花朵呈漏斗状，有粉色、白色和橙色等花色，从下往上开，交替生长在直立的茎上。有两种类型：一种是落叶型，开花后叶片会枯萎；另一种是常绿型，可以越冬。此外，还有高约 40 厘米的矮性种的矮弯管鸢尾和有香气的盆栽植物等。

**养护**　春季到秋季，放在通风良好、可以接受日照的室外，冬季放在室内明亮的窗边。不喜盆土过度湿润，待其表面干燥后再浇水。花期结束后摘除花柄。

弯管鸢尾

# 夏 季的花

## SUMMER

# 菜蓟属 ◆

*Cynarⓐ*

菊科／耐寒性多年生草本植物　　别名：**朝鲜蓟**　　花语：**来我身边**

菜蓟

原产地：地中海沿岸
花　期：6 月　　上市时间：5~9 月
用　途：地栽、鲜切花、干花、食用

**特点**　菜蓟的植株高 1.5~2 米，在粗壮的茎尖上开出 1 朵直径达 15 厘米的蓟状花。叶片呈灰绿色，花期长。自古希腊和罗马时代以来，就因其可食用的花蕾而被栽培，据说是从其近亲红豆蔻改良而来。"Artichoke"是它的英文名。最近，还出现了用于鲜切花的园艺品种。

**养护**　基本不作为盆花出现，春季将种子播种在日照充足和排水良好的地方。将作为香草上市的幼苗种在大一点的盆内，第二年开始开花。

# 中欧孀草 ◆

*Knautiⓐ*

忍冬科／耐寒性多年生草本植物　　别名：**赤花松虫草**

原产地：巴尔干半岛中部、罗马尼亚东南部
花　期：7~9 月　　上市时间：5 月
用　途：盆栽、地栽、鲜切花

**特点**　日本蓝盆花的近亲，开出野草般的花朵，以马其顿川续断的名字流通。植株高 60~80 厘米。茎上的叶片呈羽裂状，有粗毛，开出直径为 1.5~3 厘米的花。

**养护**　放在日照充足和通风良好的室外，盆土表面干燥后浇水。早春修剪后，植株变低，花开得更多。

中欧孀草

# 百子莲属 ●○

*Agapanthus*

葱科／半耐寒或耐寒性多年生草本植物　　别名：**紫君子兰**　　花语：**爱情的到来**

百子莲

原产地：南非
花　期：6~8 月　　上市时间：2~7 月、9~11 月
用　途：地栽、盆栽、鲜切花

**特点**　初夏时节，从光洁的叶片上长出粗壮的花茎，与君子兰的叶片相似，开出许多紫白色、清凉的伞状花。分为很多品种，一种是常绿品种，另一种是冬季地表部分枯萎的品种，还有花朵朝下开放、横向开放的品种，以及高度超过 1 米的大型品种和高 30 厘米左右的矮性种等。属名在希腊语中意为"爱情之花"。

**养护**　耐热、耐寒，全年都可以放在日照充足和通风良好的室外。避免盆土过度湿润，待其表面干燥后大量浇水。冬季保持稍微干燥的状态。

# 铁苋菜属 ●○

*Acalypha*

大戟科／非耐寒性多年生草本植物　　别名：**红毛苋**

红尾铁苋

红穗铁苋菜（狗尾红）

原产地：热带至亚热带地区
花　期：6~10 月　　上市时间：4~11 月
用　途：盆栽、垂吊盆栽

**特点**　该属中有许多观叶植物，也有观花的品种，如花穗像猫的尾巴，以"猫尾红"的名字在市场上流通的红尾铁苋及花穗可长达 50 厘米以上的红穗铁苋菜等品种。

**养护**　光线不足则开花情况不好，尽量放在有日照的室外，盆土表面干燥后浇水。冬季室内温度保持在5℃以上。

# 老鼠簕属 ◆

*Acanthus*

爵床科／半耐寒性多年生草本植物　　别名：叶蓟　　花语：艺术、巧妙

蛤蟆花

原产地：**非洲热带地区、地中海沿岸、亚洲热带地区**
花　期：6~8月　　上市时间：1、3、5月
用　途：**地栽、盆栽、鲜切花**

（**特点**）以其羽状的大叶片而闻名，它被用来装饰希腊建筑风格的科林斯风格的柱子。初夏时节，粗壮的花茎会长到1米左右的高度，开满白色和浅红紫色的花，从下往上开。自古以来都有栽培的大型品种蛤蟆花，因其叶片像蓟，所以被称为"叶蓟"。

（**养护**）喜阳光，但是不耐强烈的阳光直射，夏季时应避免西晒，放在通风良好、明亮的半阴处。盆土表面干燥后浇水。花期结束后，剪除全部花茎。

# 长筒花属 ◆◆◆○❀

*Achimenes*

苦苣苔科／非耐寒性秋种球根植物　　别名：盘子花　　花语：珍品

原产地：美洲热带地区
花　期：6~9月　　上市时间：7~8月
用　途：盆栽、垂吊盆栽

（**特点**）从初夏到秋季，能开出一连串粉红色或紫色的漏斗形花朵。植株生长高度为30~60厘米，晚秋，地表部分死亡后进入休眠状态。属名的希腊语意为"不喜欢寒冷的季节"，但其容易受到日本夏季高温潮湿的影响，所以主要用于室内观赏。

（**养护**）盆栽应放在可避开阳光直射的明亮窗边等处。盛夏避开雨天和西晒，尽量移至通风良好的凉爽半阴处。向根部浇水，避免浇到花和叶片上。

长筒花属

# 蓍属 ●●●◇

菊科／耐寒性多年生草本植物　　别名：锯齿草、蓍草　　花语：斗争、忠实

欧蓍草　　　　　　　　　　　　　　　　　　　凤尾蓍（黄花蓍草）

原产地：欧洲、高加索地区、亚洲、北美洲
花　期：5~8月　　上市时间：3月
用　途：地栽、鲜切花、盆栽

**特点**　日本也有该属的野生品种，用于鲜切花和花坛等的园艺品种是原产于欧洲的欧蓍草（*Achillea millefolium*）。英文名是"Yarrow"，作为香草植物被人所熟知。基本品种开白花，但也有花为红色、粉红色、黄色等色的园艺品种。植株高 60~80 厘米，开纯白色花的珠蓍之中还有开重瓣花的"班氏珍珠"等品种。

**养护**　放在日照充足和通风良好的室外，喜好凉爽气候。夏季应避免西晒，移至凉爽的半阴处。不喜盆土过度湿润，待其表面充分干燥后大量浇水。

珠蓍"班氏珍珠"

# 牵牛属 ◆◆◇◆◆◇

旋花科／非耐寒性春种一年生草本植物　　花语：短暂的恋情、平静、结合

牵牛花的灯笼式种植

变化牵牛（桔梗开花）

原产地：亚洲亚热带地区、美洲热带地区
花　期：7~9月　　上市时间：4~8月
用　途：盆栽、地栽

**特点**　据说是在奈良时代从中国传入日本的药用植物。在江户时代作为观赏植物进行栽培，诞生了花朵直径在20厘米以上的大花牵牛和变化牵牛等各种园艺品种。除牵牛属外，从夏季到霜降时节开花的虎掌藤属的三色牵牛等也以"西洋牵牛花"的名字在市场上出现。

**养护**　喜好阳光，因此应放在通风良好、日照充足的室外，每天大量浇水，避免盆土干燥。如果不收集种子则摘除花柄。

变色牵牛（寄生牵牛）

西洋牵牛"蔚蓝"

# 蔓金鱼草属 ◆ ◆ ◇ ◆

*Asarina* ( = *Maurandya* )

玄参科／半耐寒性蔓生多年生草本植物　　别名：茑叶桐葛

原产地：欧洲、北美洲
花　期：6~10月　　上市时间：3~7月
用　途：盆栽、地栽

**特点**　双生金鱼藤长着细长的藤蔓，从初夏至秋季，
会从叶缘长出花梗，陆续开出钟形花。因其易受寒
冷天气的影响，所以被看作一年生草本植物。耐寒
的蔓金鱼草（*Asarina procumbens*）有匍匐的
茎，叶片被软毛覆盖，
开出浅黄色的花。

**养护**　一天中应有半天
放在明亮的半阴处，盆
土表面干燥后尽早浇水。

蔓金鱼草

双生金鱼藤

# 马利筋属 ◆ ◆ ◆ ◇

*Asclepias*

夹竹桃科／耐寒性多年生草本植物、半灌木　　别名：唐棉　　花语：请让我去

原产地：非洲、南美洲、北美洲、西印度群岛
花　期：7~8月　　上市时间：7~10月
用　途：盆栽、地栽、鲜切花

**特点**　在江户时代传入日本的马利筋属的成员。花
形独特，作为鲜切花很受欢迎。马利筋的高度约为1
米。开出的花呈星形，花色为对比美丽的橙红和黄
色，花茎从细长的叶片基部生长出来。其他种类包
括开橙花的柳叶马利筋和开红紫色花的叙利亚马利
筋。因为茎叶切开后会产生乳汁，所以英文叫"乳
草（Milkweed）"。

**养护**　喜好阳光，耐高温，所以放在阳光充足的室外，
待盆内土壤干燥后再浇水。不耐寒，被看作一年生
草本植物。在温暖地带可在室外越冬。

马利筋

# 紫阳花 ◆◆◇◆◆◇

虎耳草科／耐寒性落叶灌木　　别名：绣球、八仙花

*Hydrange*

乔木绣球"安娜贝尔（Annabelle）"

原产地：日本
花　期：6~7 月　　上市时间：3~6 月
用　途：地栽、盆栽、鲜切花

**特点**　原产于日本，是梅雨季节的代表性花卉。在江户时代末期传入欧洲，经改良后用于盆栽。后来，新品种被重新引进日本，被称为"洋绣球"。在日本也培育了许多园艺品种，如花朵类似手鞠（手鞠型）和有绕着花架开花的类型（额绣球型），还有呈圆锥形花序的栎叶绣球和圆锥绣球也很受欢迎。

**养护**　在室内观赏花卉时，尽量放在日照充足的地方。花期结束后移至室外通风良好且明亮的半阴处越夏。不耐干燥，因此需要大量浇水。

洋绣球"蓝天"（额绣球型）

栎叶绣球（重瓣）

紫阳花 "Frau Sumiko"（手鞠型）

上 / 紫阳花 "墨田花火"
　　（山绣球系）
左 / 大花圆锥绣球

# 翠菊 ❀ ❀ ❀ ❁ ❀

*Callistephus*

菊科／非耐寒性春种一年生草本植物　　别名：**翠蓝菊、China aster**

翠菊

原产地：中国北部、朝鲜半岛北部
花　期：7~9 月　　上市时间：5~7 月
用　途：鲜切花、地栽、盆栽

**特点**　花有紫色、红色等多种深沉的色调，从江户时代就开始在日本栽培。分为两种：一种是从植株根部分枝的，另一种是在茎顶端分枝的。花的品种很多，有花瓣多、绒球般的花或重瓣花，也有如玛格丽特花形般的大花品种等。以前被归为紫菀属的一员，现在仍以"中国紫菀（China aster）"的名字流通。

**养护**　不耐高温多湿，光线不足就会疯长，故应放在通风良好和日照充足的室外，盆土表面干燥后浇水。花期结束后，花瓣不会散开，可剪切花朵。

# 落新妇属 ❀ ❀ ❀ ❁

*Astilbe×arends*

虎耳草科／耐寒性多年生草本植物　　别名：**升麻**　　花语：**恋情的到来、自由**

原产地：中亚、日本、北美洲
花　期：5~9 月　　上市时间：3~7 月、9 月、11 月
用　途：地栽、盆栽、鲜切花

**特点**　目前流通的升麻品种是在德国改良过的日本和中国的品种，这些园艺品种的总称是"落新妇"。在细而硬的茎顶端开有许多白色、粉色和红色等粒状的小花。随着花朵的开放，植株整体变得蓬松，并一直开到初秋。有高度可超过 70 厘米的高性种和高 40 厘米左右的矮性种。

**养护**　喜好阳光，但是夏季的阳光直射会影响植株状态。夏季及之后需要放在避免西晒、通风良好且明亮的半阴处。注意干燥，盆土表面干燥后再大量浇水。

落新妇

# 星芹属 ◆ ◆ ◇

*Astrantia*

伞形科／耐寒性多年生草本植物　　　　别名：**白芨花**　　　花语：**爱的渴望**

原产地：欧洲中部至东部
花　期：6~8 月　　上市时间：4~6 月
用　途：地栽、鲜切花、干花、盆栽

**特点**　主要以鲜切花和盆栽栽培为主，叶片大，5 裂，边缘呈锯齿状，长花柄顶端小花丛生，呈半球形。苞片看起来像花瓣。花是圆形的，凸起在苞片的中央，白底绿色或粉红色。它是一种长寿植物，适合做干花。

**养护**　不喜高温多湿。夏季应避雨和避免西晒，放在东侧或北侧的通风良好的凉爽半阴处，盆土表面干燥以后再浇水。

大星芹"Primadonna"

# 车叶草属 ◆ ◇ ◆

*Asperula*

茜草科／耐寒性秋种一年生草本植物　　　　别名：**车叶**

原产地：西亚
花　期：5~7 月　　上市时间：3~6 月
用　途：地栽、盆栽

**特点**　细长而有棱角的茎先是长到 20~30 厘米高，然后才会横向生长。线状的叶片在茎的上部呈轮状生长，在茎的顶端开出一簇密集的蓝紫色小花。闻起来香甜的花朵形状像漏斗，长 0.5~1 厘米。主要的品种有蓝花车叶草等，以车叶草的名字在市场上流通。

**养护**　地栽需要日照充足和排水良好的地方。盆栽要放在通风良好的明亮室外，盆土表面干燥后，向根部浇水，避免浇到花上。

蓝花车叶草

# 沙漠玫瑰属 ●

*Adenium*

夹竹桃科／非耐寒性多肉植物　　别名：**沙漠蔷薇**

原产地：东非至阿拉伯半岛
花　期：5~6月　　上市时间：3~7月、10月
用　途：盆栽

**特点**　肉质树干的根部很独特，如茶壶般鼓起，在热带地区被用作庭院树木、扦插树木等。可作为盆栽，盆栽时茎虽然粗壮，但柔软，根部不膨胀。因其异国风情而深受人们喜爱。在热带国家的半沙漠地区培育，开出蔷薇色的花朵，英文名是"Desert-rose"。

**养护**　喜好日照，光照不足则无法开花，因此要放在日照充足的室外。冬季放在室内的明亮窗边，温度保持在8℃以上。需要注意的是从其切口流出的乳液有毒。

沙漠玫瑰

# 单药花属 ● ● ●

*Aphelandra*

爵床科／非耐寒性常绿灌木　　别名：**斑马花**

原产地：中、南美洲的热带与亚热带地区
花　期：7~8月　　上市时间：2~12月
用　途：盆栽

**特点**　主要的单药花品种有4排黄色苞片，4厘米长的唇形花从黄色苞片间长出。长25~30厘米、有光泽、肉质的厚实叶片，叶脉呈美丽的白色，也可作为观叶植物，而银脉单药花的叶脉凸出，花朵又大又美，最受欢迎。

**养护**　放在日照充足的室内，避免水分不足。喜好高温多湿，但是夏季需要避开阳光直射，建议使用可以透过阳光的蕾丝窗帘。冬季温度需保持在15℃以上。

银脉单药花

# 凤梨类 ◆◆◆◇◆

凤梨科／非耐寒性多年生草本植物　　花语：你是完美的

彩苞凤梨（火炬，左）和莺歌凤梨（虾爪，右）

原产地：以安第斯山脉为中心的中美洲、南美洲
花　期：5~7月　　上市时间：全年
用　途：盆栽、鲜切花

**特点**　园艺上把凤梨科的所有植物统称为"凤梨"。鹦歌凤梨属、星花凤梨属、尖萼凤梨属等品种在开花时，花苞的色彩十分美丽，类似的园艺品种较多。彩苞凤梨的红色大花穗可以观赏1个月以上，十分受欢迎。最流行的品种是红星果子蔓，红色花苞和白花的对比十分美丽。

**养护**　放在室内窗边，让阳光透过蕾丝窗帘照进来。叶片根部呈筒状的部分会吸收水分，春季到秋季是植株的生长期，应向筒状部分大量浇水。

左上／红星果子蔓
左／美叶光萼荷（条纹凤梨）

139

# 苘麻属 ◆◆◆◇

*Abutilon×hybridum*

锦葵科／半耐寒性常绿灌木　　别名：蔓性风铃花、花苘麻　　花语：尊敬

苘麻"安达卢西亚超级大朵红"

红萼苘麻（蔓性风铃花）

原产地：热带、亚热带地区
花　期：3~9月　　上市时间：3~12月
用　途：盆栽、地栽

**特点**　蔓性风铃花的红色萼片和黄色花瓣的对比十分引人注目。叶片上面有黄色斑点和开有红色条纹的橙色花朵的金铃花也是主要的流通品种，最近，红色、黄色、橙色等色彩鲜艳，花朵直径达4~7厘米、向下开放的大花园艺品种也有上市。

**养护**　从初夏到秋季，放在通风良好和日照充足的室外，盆土表面干燥后大量浇水。不耐严寒，晚秋需要放在日照充足的室内，控制浇水量。

金铃花（显脉苘麻）

# 芙蓉葵 ● ● ○ ◇

*Hibiscus*

锦葵科／耐寒性多年生草本植物、春种一年生草本植物　　　别名：**草芙蓉、大花秋葵**

原产地：北美洲东部
花　期：7~9月　　上市时间：3月、6~8月
用　途：地栽、盆栽

**特点** 植株高 1~1.8 米，即使在夏季的阳光下，也能在植株上部连续开出直径超过 20 厘米的大花。花早上开放，傍晚闭合，为日长花，但每天都有新花开出，直到初秋。除了高性种外，还有矮性种供盆栽使用，花的颜色也多种多样，有粉色、白色、红色及混合色等丰富颜色。

**养护** 喜好日照，耐热，应放在阳光充足的室外，避免盆土干燥，表面开始干燥就要浇水。因为持续开花，所以要勤摘花柄。

芙蓉葵

# 黄蝉属 ● ●

*Allamanda*

夹竹桃科／半耐寒性蔓性常绿灌木　　　别名：**软枝黄蝉**

原产地：中美洲和南美洲的热带地区
花　期：6~10月　　上市时间：5~7月
用　途：盆栽、地栽

**特点** 大花软枝黄蝉是一种耐寒的花卉植物，大而圆的黄色花朵从初夏陆续开到秋季。还有稍小的黄色花朵的品种，花朵直径约为 5 厘米的黄蝉和开浅紫红色花朵的紫花黄蝉一般作为盆栽流通。

**养护** 喜好高温和阳光，故应放在通风良好和日照充足的室外。从晚秋到春季应放在日照充足的室内，温度保持在 5℃以上。

上／紫花黄蝉
左／大花软枝黄蝉

141

# 葱属 ◆ ◆ ◇ ◆

*Allium*

葱科／耐寒性秋种球根植物　　别名：花葱　　花语：无限悲伤、正确的主张

大花葱

原产地：欧洲、亚洲、北美洲
花　期：4~11 月　　上市时间：4~5 月、9 月
用　途：盆栽、地栽、鲜切花

**特点**　观赏类的葱属植物是韭菜、洋葱等葱科植物的近亲，用于园艺栽培的品种很多，如在粗大的花茎顶端开出紫红色小花，形成球形花序的大型品种大花葱；花色为黄色的黄花茖葱；开出伞状白花的纸花葱，以及开出罕见蓝色花的棱叶韭等。

黄花茖葱

**养护**　生命力强健的植物。种在日照充足的地方，即使不细心照料，2~3 年后也能开出美丽的花朵。盆栽应放在日照充足的室外，盆土表面干燥后大量浇水。

上／棱叶韭
右／纸花葱

# 羽衣草属 ✿

*Alchemilla*

夏

蔷薇科／耐寒性多年生草本植物　　别名：斗篷草、珍珠草、羽衣草

原产地：欧洲、小亚细亚、北美洲
花　期：6~7 月　　上市时间：全年
用　途：地被植物、鲜切花、盆栽

**特点**　茎顶部分枝多，长 40~50 厘米，顶端有一簇簇黄绿色的小花。花朵直径约为 5 毫米，没有花瓣，黄色的雄蕊明显凸出。长有美丽的灰绿色叶片，生长密集，是理想的地被植物。英文名是"Lady's mantle"，指的是它的大叶片看起来像斗篷。

**养护**　在阴凉处和半阴处都可以生长，不耐高温高湿天气。因此，地栽要选择夏季不会西晒的地方，盆栽也要选择夏季通风良好的半阴处，注意水分是否充足。

柔毛羽衣草

---

# 莲子草属⊖ ✿ 叶 ●●●

*Alternanthera*

苋科／非耐寒性多年生草本植物　　别名：虾钳菜、水牛膝　　花语：炽热的追求和冷却的爱

原产地：巴西
观赏期：8~10 月　　上市时间：5~12 月
用　途：盆栽、地栽

**特点**　品种有霓虹苋和有红宝石色叶片的大叶红草等，叶片的颜色比花还美丽的品种很多，其中 *Alternanthera porrigens*"千日小坊"在秋季会开出深红色的美丽花朵。

**养护**　将其放置在室外通风、阳光充足的地方，盆土表面干燥后大量浇水。在生长初期，经过几次摘心后植株会长得更整齐。

⊖　莲子草属的喜旱莲子草在日本属于特定外来生物，不能栽培。

上／大叶红草
左／*Alternanthera porrigens*"千日小坊"

143

# 哨兵花属 ◆◇◆

*Albuca*

**百合科／半耐寒性秋种球根植物**

原产地：主要在南非
花　期：5 月中旬 ~6 月　　上市时间：2~6 月、9 月
用　途：盆栽、鲜切花、地栽

（特点）　属名在拉丁文中的意思是"白色"，因为本属被发现的第一个品种就开白色的花。加拿大哨兵花的植株都在松散弯曲的花茎顶端挂着略带芳香的黄色花朵。花瓣中央有浅绿色条纹，外侧 3 片花瓣水平开放。用于鲜切花的木百合，纯白色花朵朝上开放。

（养护）　放在通风良好和日照充足的室外，不喜过度湿润，盆土表面干燥后浇水。晚秋放入室内明亮的地方，温度保持在 10℃以上。温暖地带则露天栽培越冬。

加拿大哨兵花

# 假面花属 ◆◆◇

*Alonsoa*

**玄参科／半耐寒性常绿多年生草本植物**　　别名：**红蝴蝶**

原产地：**秘鲁**
花　期：7~10 月　　上市时间：4~7 月
用　途：地栽、盆栽

（特点）　红褐色的方形茎分枝多，植株高度达到 50~60厘米，叶片的旁边陆续开出许多直径约为 1.5 厘米的红色或橙色花朵。花为 5 瓣，稍有倾斜，4 枚雄蕊中的 1 枚凸出而弯曲。心叶假面花在日本以"红蝴蝶"的名字在市场上流通。在庭院中栽植时，可将其看作一年生草本植物。

（养护）　放在日照充足的地方，不耐高温，因此夏季应移至避雨、通风良好的凉爽半阴处。冬季应盖上塑料薄膜等以避免受冻。早春时需要摘心，使其分枝。

假面花

# 香彩雀属 ❀ ♧ ❀ ♧

玄参科 / 非耐寒性常绿多年生草本植物

原产地：墨西哥、巴西、西印度群岛
花　期：6~10 月　　上市时间：5~6 月
用　途：盆栽、地栽、鲜切花

**特点**　属名是根据其在南美洲的称呼而来的，品种有柳叶香彩雀等。柔软的茎直立生长到60~80厘米，顶部是柔软的柳叶状叶片，在叶片旁边一朵接一朵开出直径约为 2 厘米的花。花色为蓝紫色、白色或白底紫蓝色的花纹。

**养护**　放在通风良好和日照充足的室外。不耐干燥，注意水分是否充足。盆土表面干燥后大量浇水。地栽则选择能晒到半天太阳的地方。

柳叶香彩雀

# 同瓣草属 ❀ ♧ ❀

桔梗科 / 半耐寒性多年生草本植物、一年生草本植物　　别名：**长星花**

同瓣草"蓝星"

原产地：澳大利亚南部至西部
花　期：7~11 月　　上市时间：4~6 月
用　途：盆栽、地栽

**特点**　主要栽培的品种长星花在其羽毛状叶片侧边开有星星状的花，从初夏至秋季陆续开花。有蓝色的"蓝星"和白色的"白星"，此外也有开粉红色花的品种。原本是多年生草本植物，但在园艺栽培上被当作春播的一年生草本植物。它有时以"流星花"的名字在市场上流通。

**养护**　放在通风良好和日照充足的避雨走廊或阳台。不耐过度湿润，盆土表面干燥后向根部浇水。茎叶被切开后的乳液有毒，需要注意。

# 非洲凤仙 ◆ ◆ ◆ ◇ ❀

*Impatiens*

凤仙花科／非耐寒性一年生草本植物　　别名：**苏丹凤仙**　　花语：**急脾气**

新几内亚凤仙"天狼星"

原产地：非洲热带地区
花　期：6~10 月　　上市时间：3~10 月
用　途：盆栽、地栽、垂吊盆栽

**特点**　生命力强健，易于栽培。非洲凤仙是夏季常用于花坛和盆栽的花卉品种，因为耐寒易养，每天在阳光下晒 2~3 小时，花朵就会像覆盖在植株上一样，接连不断地开放，花期很长。该属名意为"无法忍受"，源于其成熟的果实被触碰时容易爆裂并释放种子。此外，还有用于垂吊盆栽的黄花蔓凤仙、花朵和叶片都有斑纹的新几内亚凤仙等品种。

**养护**　夏季避开强烈的阳光直射、西晒，放在通风良好、明亮的半阴处，或北侧或东侧的走廊。不耐过度湿润，盆土表面干燥后浇水。仔细摘除花柄。

金冠凤仙花

右上／各种非洲凤仙
右／黄花蔓凤仙

# 茴香 ◆

*Foeniculum*

伞形科／耐寒性多年生草本植物　　别名：**怀香、香丝菜**　　花语：**值得赞美**

原产地：欧洲南部至西亚
花　期：6~8 月　　上市时间：全年
用　途：盆栽、鲜切花、药用、香草

**特点**　自古在埃及就有栽培，被用作香草植物和鲜切花，英文名为"Fennel"。圆茎上有细裂的丝状叶，直立生长至 1~2 米，枝梢处开着黄色的小花，看起来像烟花。还有茎呈铜色的青铜茴香和植株基部叶片肥大的球茎茴香。

**养护**　茴香植株大，所以需要种在深 30 厘米以上的大盆里，放在通风良好和阳光充足的室外。避免过湿，盆土表面干燥后浇水。在寒冷地区，冬季需用落叶覆盖根部。

茴香

---

# 水金英属 ◆

*Hydrocleys*

泽泻科／半耐寒性多年生草本植物　　别名：**水罂粟、黄金花**

原产地：委内瑞拉、巴西
花　期：7~10 月　　上市时间：8 月
用　途：水培

**特点**　浮叶水草，花形似罂粟，英文名为"Water poppy"。心形叶片的侧边长出 7~10 厘米长的花柄，伸出水面，顶端开出鲜黄色的花。3 瓣花的直径为 4~5 厘米，1 天内凋谢，从夏季到秋季会陆续开放。在日本，水金英能开出许多花，但通常不会结果。

**养护**　将盆栽放入水槽等，放在日照良好的室外。喜好阳光，日照不好则不开花。冬季放入温室，水温保持在 5℃ 以上。

水金英

# 藻百年属 ◇ ♣

*Exacum*

龙胆科／非耐寒性一年生草本植物、多年生草本植物　　别名：**紫星花**

紫芳草

原产地：印度洋西北部（也门索科特拉岛）
花　期：4~10月　　上市时间：3~9月
用　途：盆栽、地栽

**特点**　主要的品种是紫芳草，开出有香气的蓝紫色或白色的花朵，一直开到秋季，有单瓣、半重瓣、重瓣品种。"孟加拉蓝"开出深紫蓝色的花朵，配上黄色的花药，美不胜收。

藻百年"孟加拉蓝"

**养护**　强烈的阳光直射会伤到花朵和叶片，故夏季要放在避开西晒、通风良好且明亮的半阴处。冬季放在室内的窗边，温度保持在10℃以上。花期结束后摘心。

# 松果菊属 ♣ ◇ ♣

*Echinacea*

菊科／耐寒性多年生草本植物　　别名：**松果菊、紫锥菊**

原产地：北美洲东部至中部
花　期：6~9月　　上市时间：3~6月
用　途：地栽、盆栽、鲜切花

**特点**　高60~100厘米的茎分枝多，顶端开出一朵朵直径约为10厘米的花。花朵由花瓣状的舌状花和中间有凸起的筒状花组成，舌状花开满后会垂下来。垂下来的花朵像马楝（译注：日本木刻版印刷的圆盘状工具），日文名是"紫马楝菊"。

**养护**　地栽需要选择日照充足和排水良好的地方，盆栽则放在通风良好和日照充足的室外，不耐多湿天气，盆土表面干燥后浇水。

紫松果菊

# 蓝刺头属 ◇ ❀

*Echinops*

菊科／耐寒性多年生草本植物　　别名：琉璃玉蓟、蓝球　　花语：权威

原产地：欧洲东部至西亚
花　期：7~8 月　　上市时间：6 月
用　途：地栽、盆栽、鲜切花、干花

**特点**　该属名在希腊语中的意思是"像刺猬"，因为球形花的外观像布满了刺。它通常以蓝刺头的名字流通。在长有蓟状叶片的茎顶端开出蓝紫色的花朵。植株高 70~100 厘米，叶片内侧长有银白色棉毛。种在岩石花园生长良好。

**养护**　喜好凉爽干燥的天气，不喜夏季的高温多湿，应放在避开西晒的凉爽半阴处，盆土表面干燥后浇水。

蓝刺头

---

# 芒毛苣苔属 ❀ ❀

*Aeschynanthus*

苦苣苔科／非耐寒性多年生草本植物　　别名：口红花、花蔓草

原产地：印度、东南亚
花　期：6~8 月　　上市时间：全年
用　途：盆栽、垂吊盆栽

**特点**　该属名在希腊语中意为"羞涩的花"，源自其如同脸红般的花朵。天鹅绒质感的红色、黄色的细长唇形花在细长的茎顶端次第开放。因为花朵的外观，所以在英文中被称为口红花。分为两种，一种是植株直立生长，另一种茎长且下垂，很多都作为垂吊盆栽流通。

**养护**　日照不足则开花情况不好，应放在通风良好和日照充足的窗边，对强光的抵抗力较弱，盛夏应放在避开阳光直射的半阴处，注意浇水。

美丽口红花

夏

# 土丁桂属 ◆

*Evolvulus*

旋花科／非耐寒性多年生草本植物　　别名：银花草

蓝星花

原产地：中美洲
花　期：5 月中旬 ~10 月　　上市时间：3~11 月
用　途：盆栽、垂吊盆栽、地栽

**特点**　20 世纪 90 年代被引入日本，因其四季开花而迅速流行。花朵在阳光下开放，傍晚或阴天时闭合，但持续开花 3~4 天。土丁桂也是很好的地被植物，原产于美洲，因其茎向四周匍匐生长，开出清凉的蓝色花朵，也以"蓝星花"的名字在市场上流通。

**养护**　耐热，可以放在室外日照充足的地方。盆土表面干燥后浇水。冬季应避开寒霜和冷风，放在南向阳台和室内明亮的窗边。

# 刺芹属 ◇◆◆

*Eryngium*

伞形科／半耐寒或耐寒性多年生草本植物、一二年生草本植物　　别名：海冬青、刺芫荽

原产地：欧洲、高加索地区等
花　期：6~8 月　　上市时间：4~8 月、10~11 月
用　途：盆栽、鲜切花、干花、地栽

**特点**　扁叶刺芹有分枝多的茎和短圆柱形的花朵，且都呈银紫色；高山刺芹开出短圆柱形的花，下面的苞片呈花边状分布；还有开出蓝色或浅绿色的花朵，花朵下面的大苞片呈银色的硕大刺芹。

**养护**　喜好阴凉，应放在日照充足和通风良好的室外，不耐高温多湿天气，梅雨季节开始要移至避雨的凉爽半阴处越夏。

上／高山刺芹
右／扁叶刺芹

# 木曼陀罗属  ◆◆◆◇◆

茄科／非耐寒性一年生草本植物、多年生草本植物、常绿灌木或小灌木　　别名：木立朝鲜朝颜、洋金花

*Brugmansia, Datura*

夏

木曼陀罗

紫花重瓣曼陀罗

原产地：印度、中美洲、南美洲
花　期：7~9月（一年生草本植物）、
　　　　4~11月（多年生草本植物）
上市时间：3~8月
用　途：盆栽、地栽

**特点**　之前的名字是曼陀罗，现在分为木曼陀罗属（朝下开出大的漏斗形花的灌木型）和曼陀罗属（朝上开花、结出有刺果实的一年生草本植物）。木曼陀罗属的日文名是"木立朝鲜朝颜"，英文名是"Angel trumpet"，花朵会散发香气。

**养护**　喜好阳光，所以春秋两季应放在室外阳光充足的地方，并保持充足的水分。在深秋时节，将枝条剪去，放在露天、临窗的地方，接受阳光的照射，控制浇水量。

左上／木曼陀罗
左／曼陀罗"黄金皇后"

151

# 独尾草属 ❀❀♡

*Eremurus*

百合科／耐寒性秋种球根植物　　别名：**荒漠蜡烛**　　花语：**巨大的希望**

原产地：中亚西部
花　期：5~7月⊖　　上市时间：5~6月
用　途：地栽、鲜切花

**特点**　属名在希腊语中的意思是"沙漠的尾巴"。长长的花茎上布满了钟形或星形的小花，开起来就像狐狸的尾巴。花的颜色有很多，如白色、黄色、橙色、粉色等。鲜切花也很受欢迎，但如果种植的是 8~10 月上市的球茎，可以长到 0.5~2 米的高度，在花坛中欣赏到这一大型花卉。

**养护**　种在日照充足和排水良好的地方。不耐夏季高温多湿的天气，花期结束、地表部分枯萎后则避免雨淋，保持干燥。

独尾草

# 含羞草 ❀

*Mimosa*

豆科／非耐寒性多年生草本植物、一年生草本植物　　别名：**感应草**　　花语：**敏感的心**

原产地：巴西
花　期：7~9月　　上市时间：8月
用　途：盆栽、地栽

**特点**　含羞草在夏季会在枝条的顶端开出许多粉红色的球形小花，日文名是"礼貌草"，很早就被人所熟知。当羽毛状的叶片被触碰时，就会把叶片整体合起来，最后整片叶看起来就像在低头。夜间叶片闭合，清晨天一亮就打开，还有睡觉的动作。属名在希腊语中的意思是"模仿者"。

**养护**　放在通风良好和日照充足的室外。如果浇过多水会导致疯长，应待盆土表面干燥后浇水。地栽则等种子自然地播种，第二年也可以欣赏。

含羞草（知羞草）

⊖　品种不同，花期也有所不同。

# 牛至属 ✿ ○ ◆

唇形科／半耐寒或耐寒性多年生草本植物　　别名：花薄荷、奥勒冈草

原产地：欧洲至东亚
花　期：6~10月　　上市时间：4~5月、11月
用　途：地栽、盆栽、香草、干花

**特点**　在盛夏时节，白色或浅紫色的小花聚集在枝头绽放。牛至是有名的芳香型草本植物，花朵也十分美丽，具有观赏性。最近，有多重浅粉色苞片的"肯特美人"盆栽也有流通。

**养护**　放在通风良好和日照充足的室外。不喜高温多湿的天气，夏季应避开雨淋和西晒，移至凉爽的走廊等，保持一定程度的干燥。

牛至　　　　　　　　　牛至"肯特美人（Kent beauty）"

---

# 栀子属 ◆ ○

*Gardenia*

茜草科／半耐寒性常绿灌木　　别名：栀子花　　花语：我很幸福

原产地：印度尼西亚、中国、日本
花　期：6~7月　　上市时间：3~7月
用　途：地栽、盆栽、鲜切花

**特点**　园艺品种的玉荷花是栀子花属的一种植物，开重瓣大花。最近出现了随着花朵开放，花瓣在盛开时变成金色的品种，还有适合盆栽的水栀子，也有叶片有斑纹的品种。

**养护**　不喜阳光直射，可以放在室内的窗边，让阳光透过蕾丝窗帘照进来。喜好湿润，但要避免花盆中积水。

上／玉荷花（重瓣栀子）
左／斑叶水栀子

# 天人菊属 ♣ ♣ ♢

*Gaillardia×grandiflora*

菊科／耐寒性一二年生草本植物　　　别名：**虎皮菊**　　　花语：**合作、团结**

原产地：南美洲、北美洲
花　期：7~10月　　上市时间：3~9月
用　途：盆栽、地栽、鲜切花

**特点**　美丽优雅的花被比喻为"天人"，因此被命名为"天人菊"。天人菊是基本品种，变种的花类似矢车菊，花瓣状的舌状花上面长有黄色环状花纹。

**养护**　喜好阳光，应放在通风良好和日照充足的室外。盆土表面干燥后浇水。开花后从根部15厘米处开始修剪。

矢车天人菊（大花天人菊）　　　天人菊（美丽天人菊）

---

# 山桃草属 ♣ ♢

*Gaura*

柳叶菜科／耐寒性多年生草本植物　　　别名：**白蝶花、白桃花**

原产地：北美洲
花　期：6~11月　　上市时间：5~10月
用　途：地栽、鲜切花、盆栽

**特点**　4片白色花瓣和长长的雄蕊形状像张开翅膀的蝴蝶，因此又叫"白蝶花"。属名在希腊语中的意思是"宏伟壮丽"。在1天之内，花朵从下到上依次开放。

**养护**　种在日照充足和排水良好的地方，夏季也会不惧高温地开出许多花朵。盆栽放在日照充足的室外，早晚大量浇水。

上／山桃草（白花）
左／山桃草（红花）

# 绒缨菊 ◆◆ ◆

*Emilia*

菊科／半耐寒性春种一年生草本植物　　别名：**红苦菜**　花语：**秘密的恋爱**

原产地：非洲热带地区、印度、中国南部
花　期：6~10 月　　上市时间：6~9 月
用　途：地栽、鲜切花、盆栽

**特点**　植株高 30~60 厘米，在细长的茎上半部分的叶丛边长出花柄，花柄顶端鲜艳的猩红色或黄色的花朵开成球状。花是没有花瓣的管状花，每朵花都像 1 支画笔，因此也有别名"绘笔菊"。虽然以旧属名"绒缨菊"的名字在市面上流通，但是现在已经被归入一点红属。

**养护**　在日照充足和排水良好的地方，即使荒地也可以生长，生命力旺盛，但是不耐过度湿润。盆栽需要搭架，放在通风良好和日照充足的室外，保持一定程度的干燥。

绒缨菊（一点红）

---

# 勋章菊属 ◆◆◆ ◇ ◇

*Gazania*

菊科／半耐寒性秋种一年生草本植物、多年生草本植物　　别名：**勋章花**

勋章菊"小调（Chansonette）"

原产地：南非
花　期：4~7 月　　上市时间：2~10 月
用　途：盆栽、岩石花园、鲜切花

**特点**　从初夏到秋季，直径为 6~8 厘米的鲜艳花朵次第开放。花瓣有白色和褐色的花纹，也有带竖条纹的品种。早上开放，在晚上和阴天花朵会闭合。长有细长银色叶片的单花勋章菊有耐寒性。

**养护**　喜好日照。在阴凉处花开得不好，要放在日照充足的室外。夏季移至通风良好的半阴处。盆土应保持一定程度的干燥。

单花勋章菊

# 蓝苣属 ◇ ◆

*Catananche*

菊科／耐寒性秋种一年生草本植物　　别名：玻璃菊　　花语：动摇的心

原产地：欧洲西部
花　期：6~7月　　上市时间：9月~第二年2月
用　途：地栽、盆栽、鲜切花、干花

**特点**　主要栽培的品种是日文名为"琉璃苦菜"的玻璃菊，在40~60厘米细长的硬茎顶端开有1朵直径约为5厘米的花。蓝紫色的花朵中心是黑紫色的，也有白花品种，经常作为干花使用。属名在希腊语中的意思是"强烈的刺激"。本来是多年生草本植物，但是不耐高温高湿天气，被当作一年生草本植物栽培。

**养护**　日照不好则无法开花，应放在日照充足和通风良好的室外，在盆土表面干燥后浇水。

蓝苣（*Catananche caerulea*）

# 香蒲属 ◆

*Typha*

香蒲科／耐寒性多年生草本植物　　别名：蒲、水蜡烛　　花语：顺从

原产地：温带地区
花　期：7~8月　　上市时间：7~8月
用　途：盆栽、水培、鲜切花、干花

**特点**　高1~2米的大型水草。日本有宽叶香蒲、长苞香蒲、东方香蒲3种。花序呈茶色的圆筒形，下部开雌花，上部开雄花，主要以鲜切花的形式在市场上流通。最近，原产于欧洲和西亚的高70~80厘米的小型小香蒲也作为盆栽出现。

**养护**　喜好日照充足的环境。水培则放在通风良好和日照充足的室外。

上／小香蒲
左／长苞香蒲

# 洋甘菊 ◇

*Chamaemelum*

菊科／耐寒性多年生、一年生草本植物　　别名：母菊、西洋甘菊、果香菊

原产地：欧洲至西亚
花　期：5~7月　　上市时间：3~6月、10月
用　途：地栽、盆栽、香草

**特点**　直立型的德国洋甘菊是一年生草本植物，香气与苹果的香气类似，随着开花，黄色中心的花朵盛开后，白色的舌状花会向下垂。罗马洋甘菊是多年生草本植物，茎叶也有香气，向四周匍匐生长，也有开重瓣花的品种。

**养护**　地栽应选择日照充足和通风良好的地方，盆栽也要放在日照充足的室外，注意不要浇水过多。

德国洋甘菊　　　　　　　　罗马洋甘菊（重瓣品种）

# 新风轮属 ● ◇

*Calamintha*

唇形科／耐寒性多年生草本植物　　别名：丽风轮

原产地：欧洲南部至中亚
花　期：5~9月　　上市时间：5~6月、9月
用　途：香草、盆栽、地栽、鲜切花

**特点**　茎叶散发清爽的薄荷香气。浅紫色的小花覆盖植株整体的荆芥叶新风轮菜，在盛夏次第开花。大花新风轮菜会开出大一圈的唇形花朵。

**养护**　放在日照充足和通风良好的室外，盆土表面开始干燥后大量浇水。不耐干旱，过度干旱会使植株长势变弱，注意防止水分不足。

荆芥叶新风轮菜　　　　　　大花新风轮菜"粉色"

# 五彩芋属 叶 ●○◆

*Caladium×hortulanum*

天南星科／非耐寒性多年生草本植物、春种球根植物　　别名：花叶芋、彩叶芋、彩芋

彩叶芋"白亮""白皇后""玫瑰花蕾"（从左至右）

上／百彩叶芋
右／彩叶芋的花

原产地：美洲热带地区、西印度群岛
观赏期：3~10 月
上市时间：3~9 月
用　途：盆栽、地栽

**特点** 作为观叶植物，彩叶芋是杂交而来的园艺品种。最受欢迎的彩叶芋"白亮"，白底绿脉看起来十分清凉。种类较多，还有绿底或白底的叶片上有粉色、红色叶脉的，或者是有白色或红色斑纹的，以及小型的矮性种百彩叶芋等。

**养护** 阳光直射会烧灼叶片，应放在室内明亮的窗边。注意防止水分不足，盆土表面干燥后大量浇水，有时也要向叶片浇水。

# 红娘花属  ◆●◇

水卷耳科／半耐寒性常绿多年生草本植物　　别名：岩马齿苋

原产地：智利、阿根廷
花　期：6~7 月　　上市时间：4~6 月
用　途：盆栽

**特点**　最常见的盆花品种开伞形花，能开出一连串美丽的暗红色花朵，在阳光下熠熠生辉。最近，还有白花和在同一植株上开出不同颜色的白色或粉色花的品种。直径为 1.5~2 厘米的杯形花在阳光下开放，晚上或阴天时闭合。本属以瑞士植物学家 J.L. Calandrinia 的名字命名。

**养护**　日照不好则无法开花，因此应放在通风良好和日照充足的室外。不耐高湿，盆土表面干燥后浇水，避免花盆里积水。

睫毛牡丹

# 夏风信子 ◇

百合科／耐寒性春种球根植物　　别名：夏水仙、吊钟万年青

原产地：南非
花　期：7~8 月　　上市时间：3~4 月
用　途：地栽、盆栽、鲜切花

**特点**　从植株根部长出 4~6 片肉质的细长叶片，花茎粗大，长 1 米，上部开有 20~30 朵长 3~5 厘米的钟形白色花朵，从下往上次第开放。因为它在盛夏开花，所以被称为"夏风信子"，但冬季有时也能买到从南半球进口的鲜切花。属名来源于英国人类学家 F.高尔顿（F.Galtonia）爵士的名字。

**养护**　将春季上市的球根种在花盆里，放在日照充足和通风良好的室外，但是不喜过度湿润，梅雨季节需要移至走廊等地方。地表部分枯萎后停止浇水，使整个盆栽干燥。

夏风信子

# 山月桂属 ◆◆◇❀

*Kalmia*

杜鹃花科／耐寒性常绿灌木　　别名：**美国石楠**　　花语：**胸怀大志**

原产地：北美洲东部
花　期：5~6月　　上市时间：12月~第二年5月
用　途：地栽、盆栽、鲜切花

**特点**　一般被称为"山月桂"的是宽叶山月桂，在分枝多的枝条顶端开出杯状花朵。花的颜色常为白色或粉红色，但也有内外颜色不同的品种，如"绯红"，其花蕾为鲜红色，外面是红色，里面是浅红色。可地栽，也可作为盆栽、鲜切花出售。

**养护**　放在通风良好、半天以上能晒到太阳的室外，盆土表面干燥后浇水。开花结种子后，第二年开花情况会变差，应尽早清理花柄。

宽叶山月桂"绯红"

# 意大利永久花 ◆

*Helichrysum*

菊科／耐寒性常绿亚灌木　　别名：**意大利蜡菊**

原产地：欧洲南部
花　期：6~9月　　上市时间：3~6月、9~10月
用　途：地栽、盆栽、鲜切花、香草、干花

**特点**　银色的细针状叶片和茎有浓浓的咖喱味，可用来给食物调味。茎上覆盖着棉毛，从植株根部开始大量生长，由白变绿，第二年后会木质化。芥末色的花在夏季开放，会开在茎的顶端，作为鲜切花和盆栽流通。

**养护**　喜好阴凉处，春季到秋季放在日照充足的室外，不喜过度湿润，因此梅雨季节要移至避雨的走廊或通风良好的阳台，保持一定程度的干燥。开花后修剪掉1/3。

意大利永久花

# 美人蕉属 ◆◆◆◇◎ *Canna*

**美人蕉科／半耐寒性春种球根植物**　　别名：**小花美人蕉、红艳蕉**　　花语：**尊敬**

原产地：美洲热带地区
花　期：7~10月　　上市时间：3月、5~9月
用　途：地栽、盆栽、鲜切花

**特点**　美人蕉会在粗壮的茎端开出一连串鲜艳的花朵，叶片大而椭圆，直到深秋。分为高为1米以上的高性种，用于打造花坛，以及高50~70厘米，适合用于盆栽的矮性种。最近还有叶片上有黄红色斑纹的五色叶美人蕉品种。

**养护**　耐热，喜好阳光，因此应放在阳光充足的室外。盆土表面干燥后浇水。花期结束后，把花茎从根部剪除。

美人蕉

五色叶美人蕉

# 桔梗 ◆◇◆ *Platycodon*

**桔梗科／耐寒性多年生草本植物**　　别名：**僧冠帽、铃铛花**

原产地：西伯利亚、中国北部、朝鲜半岛、日本
花　期：6~9月　　上市时间：4~8月
用　途：地栽、盆栽、鲜切花

**特点**　在细长的茎上开出许多蓝紫色的花。花朵呈钟形，有5个裂片。属名在希腊语中是"宽钟"的意思。花蕾的样子像气球，所以又叫气球花。有粉色和白色的花，还有开双瓣花的双重桔梗。

**养护**　不喜强烈的阳光直射，夏季应放在明亮的半阴处，盆土表面干燥后浇水。花期结束后摘除花柄。

白花双重桔梗

桔梗

# 干花菊属 ◆◆◇

*Xeranthemum*

菊科／半耐寒性秋、春种一年生草本植物　　别名：千年菊、旱花

干花菊

原产地：地中海沿岸至西亚
花　期：7~10 月　　上市时间：7~8 月
用　途：鲜切花、干花、盆栽

**特点**　该属名在希腊语中的意思是"干花"。在长长的花茎末端有 1 朵干燥的花。园艺品种的灰毛菊高 25~70 厘米，除花以外，植株整体被白毛覆盖。花状的苞片，有红色、紫色、粉色或白色半重瓣或重瓣。常以鲜切花或干花的形式出现，最近也有盆栽的。

**养护**　光照不足则无法开花，应放在日照充足和通风良好的室外。不喜过度湿润，盆土表面干燥后浇水。注意要避免花盆积水。

---

# 旱金莲属 ◆◆◆◆

*Tropaeolum*

旱金莲科／半耐寒性春种一年生草本植物　　别名：金莲花、旱荷

原产地：墨西哥、南美洲（秘鲁、哥伦比亚等）
花　期：6~10 月　　上市时间：10 月~第二年 7 月
用　途：盆栽、地栽

**特点**　长有圆形叶片的茎伸长，橙色或黄色的鲜艳花朵次第开放。植株整体有辣味，作为可食用的花朵很受欢迎，也有重瓣和斑叶品种。开黄色花的五裂叶旱金莲也是其中一员。

**养护**　不耐高温和寒冷。夏季放在通风良好的半阴处，冬季放在避开寒霜和冷风的温暖阳台上，让盆土保持一定程度的干燥。

旱金莲

五裂叶旱金莲

# 孔雀草 🌸◇🌸

菊科／耐寒性多年生草本植物　　别名：**孔雀紫菀、宿根紫菀**　　花语：**悲伤**

原产地：北美洲
花　期：7~10 月　　上市时间：4 月、9~10 月
用　途：鲜切花、盆栽、地栽

**特点**　花朵与菊花相似，开出许多花朵的白孔雀草经常作为鲜切花和幼苗出售，最近还出现了粉色、蓝色、紫红色的园艺品种等，都是以孔雀草的名字在市面上流通的。

**养护**　喜好日照，放在通风良好和日照充足的室外。梅雨季节前，把茎修剪到约 15 厘米的高度，让植株在较低矮的状态开花。

白孔雀草

孔雀草（桃红色品种）

# 金仗球属 🌸

菊科／耐寒性秋种一年生草本植物　　别名：**金槌花、黄金球**

原产地：澳大利亚东南部
花　期：6~8 月　　上市时间：2~4 月
用　途：盆栽、地栽、鲜切花、干花

**特点**　从银绿色的细长叶片中长出细硬的茎，顶端开出直径为2~2.5厘米的一朵朵球状小花。进口鲜切花以"Gold stick"的名字流通，最近也有幼苗和盆栽在市面上流通。花期长，也适合做干花。因花的形状，也有"鼓棒"和"黄球"的名字。

**养护**　喜好阳光，因此应放在日照充足和通风良好的室外。花朵沾上水滴则会变色，因此梅雨季节需移至阳台或走廊。浇水时避免浇到花朵，应向根部浇水。

澳洲鼓槌菊

# 萼距花属 ◆◆◆◇❀

*Cuphea*

| 千屈菜科／半耐寒性常绿灌木 | 别名：孔雀蓝 | 花语：出色 |

细叶萼距花

小瓣萼距花

原产地：墨西哥、危地马拉
花　期：7~10月　上市时间：3~9月
用　途：盆栽、鲜切花、地栽

**特点** 一般以萼距花的名字被人熟知的是细叶萼距花，也被称为"墨西哥花柳"，匍匐茎上开着白色或粉红色的小花。小瓣萼距花有着柳树般的叶片和筒形的花，因此也被称为花柳，主要以鲜切花的形式在市场上流通。除此之外，还有因花朵像红色的卷纸雪茄而被称为雪茄花的品种和花朵长得像老鼠的"小老鼠"等品种。

**养护** 喜好阳光，不耐干燥，应放在通风良好和日照充足的室外。盆土表面变干就浇水，避免干燥。不耐寒，冬季放入室内，温度保持在5℃以上。

上／雪茄花
右／萼距花"小老鼠"

# 唐菖蒲属  *Gladiolus×hybridu*

鸢尾科／半耐寒性春、秋种球根植物　　别名：**十样锦**　　花语：**用心**

唐菖蒲

唐菖蒲"窗歌"

**原产地**：非洲热带地区至南非、地中海沿岸、小亚细亚
**花　期**：5~10 月　　**上市时间**：12 月／鲜切花为全年
**用　途**：地栽、鲜切花、盆栽

**特点**　属名在拉丁语中是"剑"的意思，因其叶片呈剑形。从古希腊和古罗马时代就开始栽培。笔直的茎顶上排列着美丽的花朵，形状像漏斗。夏季开花的品种比较高大，花穗也更大，每根茎上有十几朵花，花色有绿色、近似黑色的各种颜色。春季开花的品种茎细叶小，外观优美，和原生品种一样受欢迎。

**养护**　喜好阳光，应放在日照充足和通风良好的室外。不喜过度湿润，所以等盆土表面变白、变干燥后浇水，夏季注意避免过度干燥。

灰白唐菖蒲（原种）

春季开花的唐菖蒲

# 蝶豆属 ◆◇◆

*Clitoria*

豆科／非耐寒性多年生草本植物、春种一年生草本植物　　别名：兰花豆

原产地：亚洲热带地区
花　期：7~9 月　　上市时间：6~10 月
用　途：地栽、盆栽

**特点**　在江户时代传入日本的蝶豆，藤蔓可生长至 3 米左右，叶片侧面开有鲜蓝色的 1~3 朵花，从初夏开到秋季。花朵直径为 3~5 厘米，蝶形，有白色、橙红色、紫色或重瓣等园艺品种，还有附带搭架的盆栽上市。本来是多年生草本植物，但被看作一年生草本植物。

**养护**　放在日照充足和通风良好的室外，盆土表面干燥后浇水。

蝶豆

# 文殊兰属 ◆◆◇

*Crinum*

石蒜科／非耐寒性春种球根植物　　别名：文珠兰、水蕉

原产地：非洲和亚洲的热带、亚热带地区
花　期：6~8 月　　上市时间：9 月
用　途：盆栽、地栽、鲜切花

**特点**　日本有野生的文殊兰属植物，以"文殊兰"的名字流通的是原产于南非、与穆氏文殊兰杂交的品种。在粗大的花茎顶端，大朵的百合花般的花朵横向或向下开放。

**养护**　耐热，喜阳光，因此应尽量放在日照充足的室外，盆土表面干燥后浇水。冬季移至避开寒霜和冷风的地方。

上／香殊兰
右／穆氏文殊兰

# 姜黄属

姜科／非耐寒性春种球根植物　　花语：姻缘

原产地：非洲热带地区、亚洲热带地区、澳大利亚
花　期：7~9月　　上市时间：4~9月
用　途：盆栽、鲜切花、地栽

**特点**　是以药用出名的姜的近亲。姜荷花有着玫瑰粉色的美丽花苞，深受欢迎。比其更小的女皇郁金有着紫桃色的花苞，黄色的花朵点缀其间，主要以鲜切花的形式流通。

**养护**　耐热，日照不好则很难开花，尽量放在日照充足的室外。不耐干燥，待盆土表面干燥后再浇水。

姜荷花

女皇郁金

---

# 醉蝶花

*Cleome*

白花菜科／非耐寒性春种一年生草本植物　　别名：凤蝶花

原产地：美洲热带地区
花　期：6~8月　　上市时间：6月
用　途：地栽、盆栽

**特点**　向高处生长的茎的顶端开着粉红色或白色的花，作为一种预示着夏季结束的花很受欢迎。"凤蝶花"的名字是因其花形独特，4片长茎花瓣和凸出的花蕊，看起来像一只在风中翩翩起舞的蝴蝶。花朵在傍晚开放，第二天中午前就会凋谢，但每天都会陆续开许多花朵。

**养护**　喜好阳光，应放在有阳光直射的室外，盆土表面干燥后浇水。地栽要选择日照充足和排水良好的地方，第二年可以开花。

醉蝶花

# 大青属 ✿ ◇ ◆

*Clerodendrum*

马鞭草科／半耐寒性常绿蔓性灌木　　别名：源平葛、龙吐珠

龙吐珠

蓝蝴蝶

原产地：非洲西部热带地区
花　期：5~7 月　　上市时间：3~12 月
用　途：盆栽

**特点**　最常见的盆栽花卉是龙吐珠，花朵呈深红色，雄蕊从棱角分明的袋状白色花萼中伸出，红色的花瓣和白色花萼的对比令人联想到日本源氏和平家的对立，因此日文名为"源平葛"。最近，市场上还出现了花瓣向两边展开像蝴蝶一样的蓝蝴蝶和纯白色花朵在夜间开放的音符花。

**养护**　耐热，喜好阳光，可放在日照充足和通风良好的室外，盆土表面干燥后浇水。不耐寒，冬季应放在日照充足的室内，温度保持在 10℃ 以上。

音符花

# 大岩桐属

*Sinningia*

苦苣苔科／非耐寒性多年生草本植物　　别名：**大岩桐草、落雪泥**　　花语：**欲望**

原产地：巴西
花　期：6~10月　　上市时间：4~9月
用　途：盆栽

**特点**　开单瓣或重瓣花，花朵有天鹅绒般的光泽、环状花纹或斑点，色彩丰富。大岩桐（*Sinningia speciosa*）的细长花茎顶端开出小花，向下开放。

**养护**　不喜阳光直射，可以放在窗边，让阳光透过蕾丝窗帘照进来。盆土表面干燥后向根部浇水，避免浇到花朵上。

大岩桐

大岩桐"瑞士"

# 雄黄兰属

*Crocosmia*

鸢尾科／半耐寒或耐寒性春种球根植物　　别名：**火星花**　　花语：**美好的回忆**

原产地：非洲热带地区至南非
花　期：7~8月　　上市时间：4~7月
用　途：地栽、盆栽

**特点**　从细长的剑状叶片中长出又细又柔韧的花茎，如同唐菖蒲般的橙色或朱红色小花呈穗状点缀在花茎上。属名在希腊语里的意思是"藏红花的香味"，因其干花用热水浸泡后，有藏红花的香味而得名，以"雄黄兰"的名字在市面上流通。

**养护**　种在排水良好和日照充足的地方，就能开出许多花。盆栽应放在日照充足的室外，盆土表面干燥后浇水。

雄黄兰

# 十字爵床属 ❀

| 爵床科／非耐寒性常绿灌木 | 别名：上户花、鸟尾花 | 花语：关系好 |

原产地：非洲热带地区、马达加斯加、印度南部、
　　　　斯里兰卡
花　期：6~10 月　　上市时间：6~10 月
用　途：盆栽、鲜切花

**特点**　主要流通的品种是原产于印度的十字爵床，因其花朵呈漏斗状，日本人称其为"上户花"。高 30~80 厘米，分枝多，枝条顶端的叶片富有光泽，从中长出约 10 厘米的笔直花茎，绿色花苞中从下往上依次开出 2~4 朵黄橙色的花朵。有些品种的花呈鲜黄色。

**养护**　不喜阳光直射，夏季应放在通风良好且明亮的半阴处。避免干燥，多浇水，偶尔向叶片浇水。夏季以外的时间则放在能晒到太阳的室内窗边。

十字爵床

# 舞花姜属 ❀❀❀❀❀❀

| 姜科／非耐寒性多年生草本植物 | 别名：**舞花姜** | 花语：**悠久** |

原产地：印度、东南亚
花　期：7~10 月　　上市时间：7~10 月
用　途：鲜切花、盆栽

**特点**　下垂的茎末端的苞片两侧开出长柱状的小花。原产于泰国的跳舞郎和株型比较小、开黄花的双翅舞花姜也作为鲜切花和盆栽出现。

**养护**　喜好高温多湿的天气，一年中都放在能晒到太阳的室内，不喜阳光直射，夏季可以放在室外明亮的半阴处。地表部分枯萎后停止浇水，温度保持在 10℃以上。

上／双翅舞花姜
左／跳舞郎

# 嘉兰属 ◆◆

百合科／非耐寒性夏种球根植物　　别名：狐百合　　花语：向往上流

原产地：非洲热带地区、亚洲热带地区
花　期：6~8 月　　上市时间：全年
用　途：盆栽、鲜切花、地栽

**特点**　有独特的花形，叶尖上的卷须纠缠着生长，波浪形的花瓣强烈翘起。深红色的花瓣上有黄色的环状花纹，色彩鲜艳的阔瓣嘉兰是其代表品种。嘉兰的卷曲花瓣从浅黄色变为深红色。

**养护**　喜好高温多湿和阳光直射。应放在日照充足和通风良好的室外，盆土表面干燥时就要浇水，避免干燥。

嘉兰 "Lutea"　　　　　阔瓣嘉兰

# 昙花 ♡

Epiphyllum

仙人掌科／非耐寒性多肉植物　　花语：暗藏的激情

原产地：墨西哥至南美洲
花　期：6~10 月　　上市时间：4~9 月
用　途：盆栽

**特点**　孔雀仙人掌的原种之一，能开出气味甜美的花朵，但只开放一个晚上。傍晚开始开花，早晨凋谢，初夏到秋季只开几次花。姬月下美人是小型品种，开花效果好。

**养护**　在气温非常高以后，放在室外的明亮半阴处，盆土表面干燥后浇水。晚秋放入温暖的室内，温度保持在 5℃以上。

上／昙花
右／姬月下美人

# 青葙属 ◆◆◆◆

*Celosia*

苋科／非耐寒性春种一年生草本植物　　别名：草蒿、姜蒿　　花语：不褪色的爱

鸡冠花

鸡冠花"Kurume"

原产地：包括印度在内的亚洲热带地区
花　期：6~11月　　　上市时间：6~10月
用　途：地栽、盆栽、鲜切花

（特点）　看起来像花的部分是由茎变化而来的，真正的花朵又小又不起眼。从万叶时代开始就为人所熟知的是鸡冠花，目前流行的品种是呈半球状的鸡冠花"Kurume"。羽状花朵的品种是凤尾球，还有圆锥形、蜡烛形的枪鸡冠花及青葙等许多品种。

（养护）　喜好阳光，因此应放在日照充足和通风良好的室外。盆土表面干燥后浇水，但不耐过度湿润，注意要避免花盆积水。

左上／凤尾球
左／青葙

# 蓝雪花属 ◆

*Ceratostigma*

白花丹科／耐寒性常绿落叶小灌木、多年生草本植物　　别名：山灰柴

蓝雪花

原产地：非洲东北部、中国等地
花　期：6~10月　　上市时间：6~12月
用　途：地栽、岩石花园、盆栽

**特点**　主要的品种有在明治末期传入日本的原产于中国的蓝雪花和毛蓝雪花。带有红色的茎顶端开出蓝色的花朵，次第开放。耐干燥，适合用于打造岩石花园。叶片受寒则会染上红色，也有落叶的品种。

**养护**　放在通风良好和日照充足的室外。夏季应移至避开西晒的凉爽的半阴处，盆土表面干燥后浇水。

---

# 鳌头花属

*Chelone*

车前科／耐寒性多年生草本植物　　别名：蛇头花、山薄荷　　花语：向往田园

原产地：北美洲
花　期：7~10月　　上市时间：7~10月
用　途：地栽、盆栽、鲜切花

**特点**　属名在希腊语中的意思是"乌龟"。名字的由来是由于花蕾的形状很像乌龟的头，它的英文名也是同样的意思。直立的茎尖上有管状花，类似金鱼草，因其沉稳的美丽也被作为茶道用花。还以"蛇头花"的名字在市场上流通。

**养护**　如果遇到阳光直射，可能会引起叶片灼伤，夏季应放在避开西晒的半阴处。不喜干燥，盆土表面开始干燥时就要浇水。地栽时可以任其生长 2~3 年。

鳌头花（*Chelone lyonii*）

# 萍蓬草属 ❀

*Nuphar*

睡莲科／耐寒性多年生草本植物　　别名：**骨蓬、萍蓬莲、日本荷根**　　花语：**崇高**

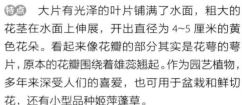

原产地：欧洲、中国、日本、北美洲
花　期：5~9月　　上市时间：5~7月
用　途：水培

日本萍蓬草

**特点**　大片有光泽的叶片铺满了水面，粗大的花茎在水面上伸展，开出直径为 4~5 厘米的黄色花朵。看起来像花瓣的部分其实是花萼的萼片，原本的花瓣围绕着雄蕊翘起。作为园艺植物，多年来深受人们的喜爱，也可用于盆栽和鲜切花，还有小型品种姬萍蓬草。

**养护**　把像芥末的根茎种在花盆、池子或水槽等容器里，放在日照充足的室外。不喜 30℃ 以上的高温，夏季要避开阳光。

# 沙冰藜 叶 ●●

*Bassia ( = Kochia )*

苋科／非耐寒性春种一年生草本植物　　别名：**帚木**　　花语：**打开心扉**

原产地：欧洲南部、亚洲温带地区
观赏期：7~11月　　上市时间：6~10月
用　途：地栽、盆栽

**特点**　古代从中国传入日本，其果实被栽培作为药用，其枝条用于制作笤帚。植株外形美观，自然厚实，呈球形，茎上的叶片细而尖，枝条细密，可长到 50~100 厘米高。春夏时叶片呈清凉的黄绿色，秋冬时叶片会变成暗红色。

**养护**　在日照充足和通风、排水良好的地方种植幼苗，即使种子状态一般，第二年也能继续观赏。盆栽放在日照充足的室外，盆土表面干燥后浇水。

沙冰藜

# 古代稀 ◆◆◆◇◆❀

*Clarkia ( = Godetia )*

柳叶菜科／耐寒性一年生草本植物　　别名：**高代花**　　花语：**不变的热爱**

原产地：美国（加利福尼亚州）、南美洲西部
花　期：4~6 月　　上市时间：5~6 月
用　途：盆栽、地栽、鲜切花

**特点**　在梅雨季节结束后至夏季，在茎端开出一簇簇美丽的绸缎质感的花朵。古代稀是杂交的园艺品种，有单瓣、重瓣品种，也有用于鲜切花和花坛、盆栽的品种。英文名的意思是"送春花"。

**养护**　喜好阳光，花朵沾水后花瓣会受损，应放在日照充足和通风良好的避雨阳台等地。不耐干燥，盆土表面干燥后向根部大量浇水。

古代稀

# 鞘蕊花属 叶◆◆◆◆◆

*Solenostemon ( = Coleus )*

唇形科／非耐寒性春种一年生草本植物　　别名：**锦紫苏**　　花语：**绝望的恋爱**

原产地：东南亚
观赏期：6~10 月　　上市时间：3~11 月
用　途：地栽、盆栽

**特点**　鞘蕊花有着色彩鲜艳的叶片，可作为盆栽、打造花坛、组合种植，用于欣赏叶片。有大叶和小叶品种，叶形和颜色多种多样。培育方式分为 2 种：一种是用芽繁殖的营养叶，另一种是用种子培育的幼苗。

**养护**　耐热，但不喜阳光直射。夏季应放在室外通风良好、明亮的半阴处。避免干燥，盆土表面开始干燥时就要大量浇水。

鞘蕊花等组合栽培（营养叶品种）

# 金鸡菊属<sup>一</sup>

菊科／耐寒性一年生草本植物、多年生草本植物　　别名：**大金鸡菊**　　花语：**心情好**

金鸡菊（多花金鸡菊）

春车菊（两色金鸡菊）

原产地：非洲热带地区、夏威夷、南美洲、北美洲
花　期：5~9月　　上市时间：5~9月
用　途：地栽、盆栽、鲜切花

**特点**　主要品种有一年生草本植物春车菊，其花朵上有褐色的蛇眼状花纹；开单瓣花或重瓣花、黄色花朵的多年生草本植物大金鸡菊；还有花瓣为黄色，花瓣根部变成褐色的金鸡菊。近年来，市场上还出现了看起来像缩小版的波斯菊，名为"玫红金鸡菊"的品种，以及有针状裂开的叶片、开黄色花的轮叶金鸡菊等品种。

**养护**　耐热，喜阳光，应放在日照充足和通风良好的室外。避免盆土干燥，待其表面开始干燥后大量浇水。多年生草本植物品种要在开花后修剪。

左／轮叶金鸡菊
右／玫红金鸡菊"美国梦"

一　金鸡菊属的剑叶金鸡菊在日本是特定外来生物，不能栽培。

# 旋花属 ❀❀◇❀

*Convolvulus*

旋花科／非耐寒性一年生草本植物、多年生草本植物　　别名：**三色旋花**

原产地：北非、欧洲南部和西部
花　期：6~8 月　　上市时间：7~8 月
用　途：盆栽、地栽

**特点**　一年生草本植物三色旋花的花朵和牵牛花相似，其日文名是三色昼颜。多年生草本植物的蓝色岩旋花的园艺品种"蓝色地毯"会开出亮丽的紫色花朵。最近还有银色叶片、白色花朵的银旋花品种。

**养护**　耐热，喜好阳光，应放在日照充足的室外，盆土表面充分干燥后浇水。多年生草本植物在冬季要放入室内，温度保持在 5℃以上。

三色旋花　　　　　　蓝色岩旋花

# 鹭兰 ◇

*Pecteilis ( = Habenaria )*

兰科／耐寒性多年生草本植物　　花语：**梦中也想见到你**

原产地：日本（本州、四国、九州）、中国
花　期：7~8 月　　上市时间：4~9 月
用　途：盆栽

**特点**　在日本本州到九州的日照充足的湿地都有野生的兰花。鹭兰的花姿像张开翅膀一般，从江户时代初期就有栽培。野生品种近乎绝迹，但是培育了很多园艺品种、盆栽，在市面上流通。叶片上有白色或黄色环状花纹和条纹的品种也在变多。初秋，还有结出穗状白色花朵的品种鹅毛玉凤花。

**养护**　必须放在有日照、通风良好的室外。盛夏应避开西晒和雨淋，移至通风良好的半阴处。喜好湿润天气，盆土表面开始干燥时要大量浇水。

鹭兰

# 一串红 / 药用鼠尾草 ◆◆◆◇◆

*Salvia*

唇形科／非耐寒或耐寒性一二年生草本植物、多年生草本植物、木本植物　　花语：**燃烧的思念、智慧、尊重**

一串红（*Salvia splendens*）（红花）和蓝花鼠尾草（紫花）

果香鼠尾草

原产地：**热带、温带地区**
花　期：**5~10 月⊖**　　上市时间：**全年**
用　途：**地栽、盆栽、鲜切花、香草**

**特点**　一般提到一串红，指的是 *Salvia splendens*，除了开如同在燃烧般的红花，还有粉色、白色、深紫色等丰富的花色。蓝花鼠尾草也是很受欢迎的品种。除一年生草本植物外，还有宿根一串红，以及夏季开花的瓜拉尼鼠尾草和樱桃鼠尾草等品种，秋季开花的绚丽鼠尾草等。以香草植物被人所熟知的药用鼠尾草也是一串红的家族成员。

**养护**　喜好阳光，因此放在日照充足和通风良好的室外，盆土表面干燥后大量浇水。花期结束后修剪花穗，会不断冒出新芽。

凹脉鼠尾草（小叶鼠尾草）

　⊖　品种不同，花期也有所不同。

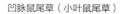

右／绚丽鼠尾草（*Salvia mexicana* "Limelight"）
下／药用鼠尾草（撒尔维亚）

龙胆鼠尾草

上／瓜拉尼鼠尾草（巴西鼠尾草）
左／墨西哥鼠尾草

179

# 柳南香属 ❀

*Crowea*

芸香科／半耐寒性常绿灌木　　别名：**南十字星**

原产地：澳大利亚
花　期：6~10月　　上市时间：6~12月
用　途：盆栽、岩石花园

**特点**　原产于南半球的澳大利亚，因其星形花朵，以"南十字星"的名字流通。最近流通的种类也有所增加，学名是"*Crowea*"。茎叶有芸香科特有的香气，在植株上部叶片的侧边开出一朵朵粉色的 5 瓣花。大花品种的名字是"星粉"。

**养护**　放在日照充足和通风良好的室外，不喜过度湿润，梅雨季节移至走廊或阳台。盆土表面干燥后浇水，注意避免花盆积水。

柳南香

# 瓶子草属 ❀❀❀ 叶 ◗◖

*Sarracenia*

瓶子草科／耐寒性多年生草本植物　　别名：**瓶子草**　　花语：**休憩**

原产地：北美洲东南部　　花　期：5~6月
上市时间：4~7月、10~11月　　用　途：盆栽、叶材、鲜切花

**特点**　瓶子草是有名的食虫植物。筒形的叶片直立，高约 1 米，筒的上部和盖的部分有网状花纹的白网纹瓶子草，其长长的花茎顶端会开出红色的花朵。紫瓶子草是小型品种，筒状的粗大叶片在地面呈莲座状生长。

**养护**　放在日照充足和通风良好的室外。避免水分不足，向花盆下的盘子里浇水，植株从下面吸收水分。偶尔也从上面浇水。

白网纹瓶子草和黄瓶子草（黄色）的花　　白网纹瓶子草

# 美人襟属 ◆◆◆◆◆◇

*Salpiglossis*

茄科／半耐寒性春种一年生草本植物　　别名：猴面花、智利喇叭花

原产地：秘鲁、阿根廷
花　期：5~7月　　上市时间：3~9月
用　途：盆栽、地栽

**特点**　分枝多的茎高达 50~60 厘米，夏季枝条顶端开出直径为 5~6 厘米的天鹅绒般质感的花朵。花色有鲜亮的朱红色、玫瑰色，以及紫色花瓣上有蓝色、黄色、棕色的网状花纹，具有复杂的美感。属名来源于希腊语"喇叭"和"舌头"，指的是花的形状和中央花柱的舌状突起。

**养护**　放在日照充足和通风良好的室外。淋雨对花朵不好，梅雨季节移至阳台或走廊。盆土表面干燥后，向根部浇水，避免浇到花朵上。花期结束后，仔细修剪花柄。

美人襟（复色品种）

# 龙船花 ◆◆◆◇

*Ixora*

茜草科／非耐寒性常绿灌木　　别名：山丹、山丹花

原产地：东南亚至中国南部
花　期：5~8月　　上市时间：3~10月
用　途：盆栽、鲜切花

**特点**　在江户时代传入日本，日文名由中国名字"山丹花"的发音而来。橙黄色的小花聚集在枝头，叶片尖尖的，呈长椭圆形，开花时像一只鸬鹚。花朵从含苞待放之时，颜色就很美丽。除了橙色的龙船花外，还有很多其他品种，如粉色、白色和朱红色等园艺品种。主要作为盆栽流通，但鲜切花也很受欢迎。

**养护**　喜好高温多湿天气，喜好阳光，故应放在日照充足的室外。盆土表面干燥后浇水。晚秋应放入室内明亮的窗边，控制浇水量，温度保持在 7℃ 以上。

山丹花"清爽夏日"

# 蛇目菊属 ◆

*Sanvitalia*

菊科／耐寒性春种一年生草本植物　　别名：山卫菊、蛇纹菊

原产地：美洲（墨西哥至危地马拉）
花　　期：5~11月　　上市时间：4~10月
用　　途：地栽、岩石花园、盆栽

**特点**　该属只有蛇目菊被栽培。由于其植株矮，茎的分枝多，可在地面上生长，所以用于岩石花园和垂吊盆栽。花的直径约为2厘米，看起来像一朵较小的向日葵，一直开到秋季。除了黄花，还有橙色的花，花朵中心呈深紫红色，管状花像眼睛一样，所以叫"蛇目菊"。

**养护**　放在日照充足和通风良好的室外，不耐湿润，梅雨季节，要移至避雨的走廊，盆土表面干燥后浇水。开完一轮花后，修剪去1/3。

蛇目菊

# 狗牙花 ♡

*Ervatamia*

夹竹桃科／非耐寒性常绿灌木

原产地：印度、中国
花　　期：5~9月　　上市时间：6~9月
用　　途：盆栽

**特点**　在有光泽的长椭圆形叶片侧面开出纯白的花朵，夜晚会散发香气。分枝多，高达1~3米，在印度作为庭院树木栽培，在明治初年传入日本。原生品种是单花，但盆栽一般是重瓣狗牙花，开出与栀子花相似的重瓣花。

**养护**　喜好阳光，因此应放在日照充足和通风良好的室外。盆土表面干燥后大量浇水。不耐寒，冬季要放在明亮的室内，控制浇水量，温度保持在5℃以上。

重瓣狗牙花

# 毛地黄属 ◆◆◆◆◇◆

玄参科／耐寒性多年生草本植物、一二年生草本植物　　别名：洋地黄　　花语：不诚实

毛地黄

原产地：北非、欧洲南部和西部、亚洲
花　期：5~7月　　上市时间：10月～第二年5月
用　途：盆栽、地栽、鲜切花

**特点**　属名在拉丁文中意为"手指"，因其花形而得名，长期以来被作为药用植物栽培。代表品种是毛地黄，茎长而直，花呈钟形，从下往上开，有很多园艺品种。花朵颜色有紫红色、粉红色或白色等，花瓣内侧有深紫色斑点。

**养护**　喜好日照，但是在半阴处也能生长，室外的环境都能适应。不喜过度湿润，盆土保持一定程度的干燥。花期结束后，留下叶片，切除花穗，花还会开第二次。

# 桢葵属 ◆◇

Sidalcea

锦葵科／耐寒性多年生草本植物　　别名：迷你葵

原产地：北美洲
花　期：6~8月　　上市时间：5~7月
用　途：盆栽、地栽

**特点**　高60~100厘米，花朵类似蜀葵，但是更小，英文名的意思是"迷你蜀葵"。开直径为3~5厘米的白色、粉色、红色5瓣花，散发透亮的光泽。

**养护**　喜好凉爽的气候，不耐夏季的高温多湿天气和闷热。日本关东地区以西需要盆栽种植，放在避雨的凉爽地方。

桢葵"Rosy Gem"

白花桢葵（*Sidalsea candida*）

# 百日菊属 ◆◆◆♡◆

*Zinnia*

菊科／非耐寒性春种一年生草本植物、耐寒性多年生草本植物　　别名：百日草

百日菊

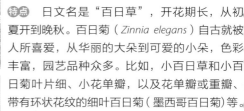

原产地：墨西哥
花　期：6~10月　　上市时间：4~6月、9~10月
用　途：地栽、盆栽、鲜切花

**特点** 日文名是"百日草"，开花期长，从初夏开到晚秋。百日菊（*Zinnia elegans*）自古就被人所喜爱，从华丽的大朵到可爱的小朵，色彩丰富，园艺品种众多。比如，小百日草和小百日菊叶片细、小花单瓣，以及花单瓣或重瓣、带有环状花纹的细叶百日菊（墨西哥百日菊）等。

**养护** 喜好阳光，因此放在日照充足和通风良好的室外。盆土表面干燥后大量浇水。花期结束后，仔细剪除花柄。

左上／小百日草
左／细叶百日菊

# 莎草属 叶 ●◗

莎草科／半耐寒或非耐寒性一年生草本植物、多年生草本植物　　别名：**具芒碎米莎草**　　花语：**哀悼**

原产地：**热带、亚热带地区**
观赏期：**3~10月**　　上市时间：**全年**
用　途：**盆栽、水培、鲜切花**

**特点**　包括如同叶片般的花苞呈伞状张开的风车草，
以及更小一些的白脉莎草（*Cyperus albostriatus*），

还有因在古代埃及用于造纸
而出名的纸莎草等。

**养护**　喜好日照和水，种在
水槽或池子里，春季到秋季
应放在日照充足的室外，冬
季应放在明亮的室内，温度
保持在5℃以上。

白脉莎草（*Cyperus albostriatus*）　　　矮性纸莎草

---

# 德国鸢尾 ◆◆◆◆◆◆◇

鸢尾科／耐寒性多年生草本植物　　别名：**德国菖蒲**　　花语：**火焰、激情**

原产地：**杂交品种（由地中海沿岸的原生品种培育）**
花　期：**5~6月**　　上市时间：**4~5月、10月**
用　途：**地栽、盆栽、鲜切花**

**特点**　由欧洲原产的多种鸢尾杂交培育而来的园艺品种，是
鸢尾属植物中花色最为丰富的品种。花的内侧和外侧有相同
或异色的品种，也有彩虹色的品
种。虽然是只开1天的花，但是1
根花茎上一般有8朵花不断开放。

**养护**　放在日照充足和通风良好的
室外。不喜过度湿润，盆土表面
变白后再浇水。地栽一定要选择
排水良好的地方。

德国鸢尾"德国巧克力"　　　德国鸢尾"马德里加拉马"

# 姜花属 ◆◆♡

*Hedychium*

姜科／非耐寒或半耐寒性多年生草本植物　　别名：蝴蝶姜、姜花

原产地：马达加斯加、印度、东南亚
花　期：7~10月　　上市时间：7月
用　途：地栽、鲜切花、盆栽

**特点**　通常指在江户时代被引入日本的白姜花（*Hedychium coronarium*），开出有香气的纯白色花朵。此外，有香气浓郁、开黄花的金姜花等，还有原生品种、各种园艺品种。

**养护**　放在日照充足和通风良好的室外，盆土表面开始干燥时再浇水。在寒冷地带应避免根部受冻，冬季放在温暖的室内。

姜花　　　　　　　　　　　白姜花

# 蓝盆花属 ◆◆◆♡◆

*Scabiosa*

川续断科／耐寒性多年生草本植物、一二生年草本植物　　别名：西洋松虫草　　花语：不幸的恋爱

原产地：非洲、欧洲西部、高加索地区、中国
花　期：5~10月　　上市时间：10月~第二年6月
用　途：地栽、盆栽、鲜切花

**特点**　被称为"西洋松虫草"的紫盆花（*Scabiosa atropuruplea*），随着开花，中心的小花会越来越凸出，因此也叫轮锋菊。重瓣品种在满开时几乎呈球形。蓝盆花的白花和蓝花品种则是平展开放。

**养护**　喜好阳光，应放在日照充足和通风良好的室外。夏季移至凉爽的半阴处，盆土表面干燥后浇水。

上／高加索蓝盆花
左／紫盆花

# 睡莲属 ◆◆◆◇

睡莲科／非耐寒或耐寒性多年生草本植物　　别名：**子午莲**　　花语：**温柔**

耐寒性睡莲"诱惑"

末草

姬睡莲

原产地：热带、温带、寒带地区
花　期：5~9月　　上市时间：4~10月
用　途：水培、鲜切花

**特点**　日文中"睡莲"的名字来源于中文"睡莲"的读音，属名是从希腊神话中水精灵的名字而来的。日本有一种野生的睡莲（末草）。睡莲分为热带睡莲和温带睡莲，一般栽培的是耐寒性温带睡莲。最近有可以在小容器中培育的小型品种姬睡莲十分受欢迎。

**养护**　种在水槽或水培花盆里。日照不佳则无法开放，因此要放在日照充足的地方。避免水质腐坏，变混浊时立即换水。

# 琉璃菊属 ◆◆◇◆

*Stokesia*

菊科／耐寒性多年生草本植物　　别名：**美国蓝菊**　　花语：**追想、清秀**

原产地：美国（南卡罗纳州至路易斯安那州）
花　期：6~10月　　上市时间：4~6月
用　途：地栽、鲜切花、盆栽

**(特点)** 植株高 30~60 厘米，在枝叶繁茂的花茎上开出美丽的花朵，从梅雨季节到秋季陆续开花，正如"琉璃菊"名字般美丽。花朵与矢车菊类似，但更大，直径为 6~10 厘米，花瓣细密重叠，除基本的蓝紫色品种外，还有白色、浅黄色和浅粉色品种。大正初年引入日本，因其花期长、易栽培而受到欢迎。

**(养护)** 在略阴凉的地方也可以生长，但是喜日照，应放在通风良好、日照充足的地方。待盆土表面干燥后再浇水。地栽应选择排水良好的地方。

琉璃菊

---

# 绒桐草属 ◆◆◆◇

*Smithiantha*

苦苣苔科／非耐寒性春种球根植物　　别名：**绒桐草**

原产地：中美洲
花　期：6~9月　　上市时间：5~9月
用　途：盆栽

**(特点)** 天鹅绒质感的叶片上有艳丽花纹，被称为"庙铃"的长约 4 厘米的筒形花从初夏开到秋季。高 30~60 厘米的花茎顶端开出穗状花朵，花的内部有斑点或条纹，从下到上开出 10~20朵花，可长时间观赏。

**(养护)** 全年都放在室内，不喜强烈的阳光直射，应选择阳光可以透过蕾丝窗帘照进来的地方。避免盆土干燥，待其表面开始干燥后浇水。叶片枯萎则使盆栽整体干燥，温度保持在 5℃以上。

斑叶绒桐草（*Smithiantha zebrina*）

# 海角苣苔属

苦苣苔科／非耐寒性多年生草本植物　　别名：**海角樱草**　　花语：**清纯的爱**

海角樱草（莲座状品种）

大叶旋果苣

原产地：南非、亚洲
花　期：4~10 月　　上市时间：3~12 月
用　途：盆栽

**特点**　从呈莲座状生长的叶片中长出花茎，横向开出红色、紫色、白色、粉色的花朵。茎向上生长，卵形叶片侧面长出长长的花茎，开出惹人怜爱的花朵。大叶旋果苣只长出 1 片大叶。

**养护**　放在室内，使阳光可以透过窗边的蕾丝窗帘照进来。夏季应移至室外凉爽的半阴处。为避免浇到叶片，应向根部浇水。冬季的室内温度要保持在 5℃以上。

海豚花（有茎品种）

# 黄栌

*Cotinu*

漆树科／耐寒性落叶灌木　　别名：**红叶黄栌、烟树、红叶**

原产地：欧洲南部至喜马拉雅山区
花　期：6~7月　　上市时间：3~9月
用　途：地栽、鲜切花、盆栽

黄栌

**特点**　枝条上的茸毛状、羽毛状的物质是没有结出种子的雌花的花柄呈细线状生长的结果。在初夏开花，但花朵小，不显眼。英文名为"Smoke tree"，又称红叶黄栌或烟树。

**养护**　盆栽应放在通风良好和日照充足的室外。避免水分不足，但是因其不喜湿地，因此在庭院种植时要选择日照充足和排水良好的地方。

黄栌　　　　黄栌的花

# 葱莲属 

*Zephyranthe*

石蒜科／半耐寒或耐寒性春种球根植物　　别名：**雨百合**　　花语：**纯洁的爱**

原产地：中美洲、南美洲
花　期：6~10月⊖　　上市时间：4~12月
用　途：地栽、盆栽

**特点**　雨后开花，因此被称为"雨百合"。白花的葱莲（*Zephyranthes candida*）和粉花的风雨花古代就有栽培，还有秋季开黄花的黄花葱兰和开红花的杂交品种等。

**养护**　盆栽应放在日照充足的室外，冬季停止浇水，使盆栽整体干燥，并放在走廊等地方。不耐寒，地栽时应在进入寒冷时将其挖出来。

风雨花（韭莲）

葱莲（葱兰）

　⊖　品种不同，花期也有所不同。

# 千日红属 ❧●◇❧

*Gomphrena*

苋科／非耐寒性春种一年生草本植物、多年生草本植物　　别名：**火球花**　　花语：**不朽、不变的爱**

原产地：墨西哥、美洲热带地区
花　期：7~9月　　上市时间：6月、8~10月
用　途：地栽、盆栽、鲜切花、干花

**特点** 开在枝头的粉红色或红紫色的球状部分是苞片，小花从中探出头来。花朵即使做成干花也保持鲜艳的颜色。红色的"草莓田"是细叶千日红的热门品种。

**养护** 耐热，喜好阳光，应放在日照充足和通风良好的室外。不耐干旱，盆土表面干燥时就要浇水。

千日红（*Gomphrena globosa*）

细叶千日红"草莓田"

# 百里香属 ❧◇❧

*Thymus*

唇形科／耐寒性常绿灌木　　别名：**麝香草**　　花语：**行动力、活泼的**

原产地：地中海沿岸至东亚
花　期：5~6月　　上市时间：1~11月
用　途：地栽、盆栽、香草

**特点** 分为茎直立生长的直立型和横向生长的匍匐型，开出许多白色、浅紫色、浅红色的小花。整株都有清爽的香气，在烹饪时作为香料使用，还被作为药草使用，自古就有栽培。

**养护** 应放在通风良好和日照充足的室外，控制浇水量。不耐高温多湿，应在梅雨前收获并且修剪，需保持通风良好。

上／普通百里香（直立型）
右／红花匍匐百里香（匍匐型）

# 大丽花属 ◆◆◆◇◆◇

*Dahlie*

菊科／非耐寒性春种球根植物 　别名：**天竺牡丹** 　花语：**任性**

大丽花（矮性种）

原产地：墨西哥、危地马拉
花　期：7~10 月　　上市时间：4~9 月
用　途：地栽、盆栽、鲜切花

**特点**　花形和花色都十分丰富。有从花朵直径在 26 厘米以上的超大型品种到直径为 2~3 厘米的极小型品种，也有从开单瓣到小型的重瓣、球状花朵，以及花瓣卷曲或笔直等品种。还培育出了铜叶大丽花品种，高 20 厘米的实生大丽花等。

**养护**　喜好阳光，应放在日照充足和通风良好的室外。不喜高温多湿，盛夏植株状态不佳时修剪掉一半，移至避雨、通风良好的半阴处。

大丽花"银月"（花瓣笔直开放）

上／铜叶大丽花"月焰"（单瓣）
右／大丽花（重瓣）

# 蜀葵 ❀◐❀◑❀○❀ 🌸

锦葵科／耐寒性多年生草本植物、一二年生草本植物　　别名：**一丈红**　　花语：**野心**

原产地：西亚、中国
花　期：7~9月　　上市时间：5~7月
用　途：地栽、盆栽

**特点**　高60~150厘米。直立生长的粗壮茎上开出直径约为10厘米的花穗状花朵，自下而上开放。花朵有单瓣、半重瓣、重瓣等，也有适合盆栽的矮性种。黑蜀葵的花瓣是黑红色的。

**养护**　将盆栽放在通风良好和日照充足的室外。盆土表面干燥后浇水。地栽时若进行混栽，由于植株高度高，最好选择种在里面。

蜀葵（单瓣）

多种蜀葵

# 虎皮兰属 ❀◐❀○

*Tigridia*

鸢尾科／非耐寒性春种球根植物　　别名：**虎皮百合、虎斑百合**

原产地：墨西哥、危地马拉
花　期：8~9月　　上市时间：4~6月
用　途：盆栽

**特点**　属名在拉丁语中是"老虎"的意思，名字来源于花瓣中央的虎斑纹。大花有3片宽大的花瓣，形状和颜色都非常有魅力。花朵早晨开放，傍晚凋谢，但在1根茎上约有4朵花相继绽放，所以它又被称为"一日百合"。

**养护**　气温上升后应放在日照充足的室外，夏季要放在避雨、通风良好的走廊等。秋季，在叶片枯萎后停止浇水，冬季放在温暖的室内，温度保持在10℃以上。

*虎皮花"彩虹"*

# 肿柄菊属

*Tithonia*

菊科／半耐寒性一年生草本植物、多年生草本植物　　别名：**墨西哥向日葵、肿柄菊**

原产地：墨西哥、中美洲
花　期：7~9月　　上市时间：5~10月
用　途：地栽、鲜切花、盆栽

**特点**　主要的栽培品种是一年生草本植物的圆叶肿柄菊，长长的花柄末端开着鲜艳的橙红色花朵，很像向日葵。还有高约1米的矮性种"火炬"。本属以希腊神话中被希腊黎明女神奥罗拉所爱的青年奇托纳斯命名。其英文名和日文名的意思都是"墨西哥向日葵"。

**养护**　由于容易被风吹倒，地栽要选择在日照充足和排水良好、避开强风的地方搭架种植。摘心则会让枝数增加，花朵也会变多。

圆叶肿柄菊

# 晚香玉属

*Polianthes*

龙舌兰科／春、秋种球根植物　　别名：**月下香、夜来香**

原产地：墨西哥
花　期：8~9月　　上市时间：11月~第二年4月
用　途：鲜切花、地栽、盆栽

**特点**　主要栽培的品种是晚香玉（*Polianthes tuberosa*），直立的茎的上部开出许多乳白色的花朵。2朵为1对，从下往上开。花朵有香气，从傍晚开始香气越来越浓郁，因此也被称为"月下香"。单瓣和重瓣都有，单瓣品种的香气更浓郁。花期长，所以也经常作为鲜切花出售，还有球根盆栽。

**养护**　从球根开始栽培，球根小则不开花，应选择大球根，放在日照充足的室外。不喜干燥，尤其是在夏季应注意不让土壤干燥。

晚香玉

# 忍冬属 ● ● ◇

*Lonicera*

忍冬科／半常绿藤本植物　　别名：**金银花、穿叶忍冬**

原产地：北美洲东部
花　期：6~9月　　上市时间：2~5月
用　途：地栽、盆栽、鲜切花

**特点**　贯月忍冬的2片叶围着茎，就像藤蔓穿过叶片生长。在茎尖开出10朵黄红色的筒形花。同属的还有香忍冬和忍冬。

**养护**　在阴凉处花开得不好，应放在日照充足和通风良好的地方，盆土表面干燥后大量浇水。

贯月忍冬

香忍冬

# 月见草属 ● ● ◇

*Oenothera*

柳叶菜科／耐寒性二年生草本植物、多年生草本植物　　别名：**晚樱草**　　花语：**懵懂的爱情、自由的心灵**

原产地：南美洲、北美洲
花　期：7~9月　　上市时间：4~7月
用　途：地栽、盆栽

**特点**　月见草有晚上开放和白天开放的品种，主要栽培的是白天开放的美丽月见草，开出许多杯状的4瓣花。只在夜晚开放的月见草也有流通，开的是白花。

**养护**　喜好阳光，应放在日照充足和通风良好的室外。不喜过度湿润，盆土表面干燥后浇水，花期结束后也要浇水。属于多年生草本植物的品种在秋季种植。

月见草

美丽月见草

# 矾根属 ◆◆◇◆

*Heuchera*

虎耳草科／耐寒性多年生草本植物　　别名：**肾形草、珊瑚钟、珊瑚铃**

原产地：北美洲
花　期：4~6 月　　上市时间：3~5 月
用　途：盆栽、鲜切花、地栽、岩石花园

**特点**　细长的茎顶端开出小小的壶状花朵的红花矾根也被称为"珊瑚铃"，主要以盆栽和鲜切花的形式流通。最近，叶片呈紫色的品种以"珊瑚钟"的名字在流通，也可作为地被

植物使用。

**养护**　不耐高温，阳光直射会烧灼叶片。夏季应放在凉爽的半阴处，盆土表面干燥后浇水。

红花矾根　　　　　　紫叶矾根（铜叶品种）

# 蔓长春花属 ◇◆

*Vinca*

夹竹桃科／耐寒性常绿多年生草本植物、亚灌木　　别名：**攀缠长春花、蔓长春**

原产地：北非至欧洲南部
花　期：4~7 月　　上市时间：全年
用　途：地栽、盆栽、地被植物、垂吊盆栽

**特点**　藤蔓茎在半阴处也能覆盖地面生长，因此也被用作地被植物等。有叶片带白色和黄白色的环状花纹的品种。叶片较小的小蔓长春花在寒冷地区也能茁壮生长。

**养护**　应放在日照充足的室外，置于可以让枝条垂吊的地方，盆土表面干燥后大量浇水。

上／小蔓长春花
右／花叶蔓长春花

# 山牵牛属 ◆◇◆◇

*Thunbergia*

爵床科／非耐寒性常绿蔓性灌木、春种一年生草本植物　　别名：老鸦嘴

翼叶山牵牛

山牵牛

原产地：非洲、亚洲的热带和亚热带地区
花　期：7~10 月　　上市时间：3~10 月
用　途：盆栽、垂吊盆栽

**特点**　翼叶山牵牛的匍匐茎上开出的白色或黄色花朵的中央有一块大的黑色，像是凸出来般。浅蓝紫色的花朵下垂开放的山牵牛（*Thunbergia grandiflora*），直立山牵牛是分枝多、开许多深紫色花的灌木型品种；还有黄花老鸦嘴是木质藤本植物，红色和黄色的花朵在春季开放，色彩对比明显。

**养护**　夏季应放在日照充足和通风良好的室外。不喜过度湿润，待盆土表面干燥后浇水。冬季应放在日照充足的窗边，控制浇水量，温度保持在 5℃ 以上。

黄花老鸦嘴

直立山牵牛

## 双距花属 ◆◆◇

夏

*Diascia*

玄参科／耐寒性半常绿多年生草本植物

双距花

原产地：非洲的山区
花　期：5~10 月　　上市时间：2~7 月、9~10 月
用　途：地栽、盆栽

**特点**　高 20~40 厘米。分枝多，叶片小，细长的茎顶端开出白色和玫粉色的花朵，一直开放到秋季。花朵直径约为 2 厘米，分成 5 瓣，下侧有 2 个袋状的突起。属名在希腊语里的意思是"2 个口袋"或"装饰"，是因其花形和美丽而来的名字。

**养护**　不喜盛夏的阳光直射，应放在通风良好且明亮的半阴处，能更长时间地观赏花卉。盆土表面干燥后大量浇水。花朵变少后修剪掉 1/2。

---

## 白鹭莞 ◇

*Rhynchospora colorata（= Dichromena colorata）*

莎草科／半耐寒性多年生草本植物　　别名：白鹭草、星光草

原产地：北美洲东南部
花　期：7~9 月　　上市时间：5~9 月
用　途：盆栽、水培

**特点**　高 30~60 厘米。细长花茎的顶端开出白色的星星般的花朵。看起来像花朵的部分是总苞，长长地垂下来。一般在草原和湿地野生生长，也被称为"星光草"，通常以"白鹭莞"的名字流通。

**养护**　种在水槽或水培花盆里，放在日照充足的室外，避免花盆缺水，不上冻则能越冬。寒冷地区需要放入室内。

白鹭莞

# 萼距兰属 ●◆◆◇

兰科／地生兰

原产地：非洲南部和中部
花　期：5~7月　上市时间：4~6月
用　途：盆栽、鲜切花

**特点** 在直立的花柄末端开出美丽的花朵，看起来像花瓣的部分是花萼，花瓣在罩状的花萼内。该属据说来源于对南非开普地区的称呼，或来源于拉丁语中的"丰盛"一词，据说是因美丽的花而得名。单花萼距兰一直以其美丽的姿态闻名于世，是南非的代表性花卉之一。

**养护** 从春季到夏季应避免阳光直射，放在室外半阴处。不耐夏季的高温，高温下生长会放缓，夜间需要降低温度。冬季应放入日照充足的室内，温度保持在5℃以上。

萼距兰

# 金毛菊属 ●

*Dyssodia（= Thymophylla）*

菊科／非耐寒性春种一年生草本植物　　别名：**金毛菊、丝叶菊**

原产地：美国（得克萨斯州）至墨西哥
花　期：6~7月　上市时间：4~7月
用　途：地栽、盆栽、垂吊盆栽

**特点** 高20~50厘米。分枝多，有像波斯菊般细窄的裂叶。花朵是直径为1~2厘米的黄色小花，从初夏开始接连不断开放，生长迅速且生命力顽强，即使在夏季的强光下也可以开出覆盖植株的花朵，经常作为装饰花坛周边的花卉、地被植物和垂吊盆栽而使用。

**养护** 不喜过度湿润，地栽应选择日照充足和排水良好的地方，盆栽需要选能够晒到太阳和通风良好的室外。梅雨季节应移至走廊避雨。仔细修剪花柄。

金毛菊

# 硬骨凌霄属 ◆◆

*Tecomaria*

紫葳科／非耐寒性半蔓性常绿灌木　　别名：姬凌霄

原产地：南非
花　期：7~8月⊖　　上市时间：7~11月
用　途：盆栽

**特点**　在枝头顶端开出橙红色、长约3厘米的花穗状花朵，在夏季次第开放。花是管状的，花瓣顶端分裂成5瓣并且打开，4枚雄蕊向外凸出。还有黄花硬骨凌霄这个品种。

**养护**　从初夏到秋季应放在日照充足的室外。盆土表面干燥后浇水。开花后将枝条剪去1/3。冬季放入室内。

黄花硬骨凌霄

橙花硬骨凌霄

# 假连翘属 ◇◆ 叶◗

*Duranta*

马鞭草科／非耐寒性常绿灌木　　别名：台湾连翘、金露花

原产地：美洲热带地区
花　期：7~9月　　上市时间：8~10月
用　途：盆栽、地栽

**特点**　在下垂的枝梢上开出许多浅蓝紫色的花，开花后会结出橙色的球形果实。品种有深色、白色环状花纹的假连翘"宝家"和白花假连翘，还有长黄绿色的叶片、一年四季都美丽的假连翘"青柠"。

**养护**　在阴凉处开花情况会不好，因此要选择日照充足的室外，盆土表面干燥后浇水。花期结束后，从花穗根部开始修剪。

左／假连翘"宝家"
右／假连翘"青柠"

⊖　在特定环境下，花期可达全年。

# 虎掌藤属 叶 ◐◆◗

**旋花科／非耐寒性多年生草本植物**　别名：**番薯、地瓜**

原产地：**热带地区**
观赏期：**5~9月**　上市时间：**4~7月、9月**
用　途：**地栽、盆栽**

**特点**　番薯的观叶品种，藤蔓在地面生长，可达 5 米以上，叶片为明亮的黄绿色品种是"石灰台（Terrace lime）"。"彩虹"品种的五色叶上有白色或红色斑纹，也有紫叶品种。

**养护**　耐阴，放在室内也可观赏。建议放在日照充足的室外，要避免过度湿润，摘心养护。

虎掌藤"石灰台（Terrace lime）"　　　虎掌藤"彩虹"

---

# 翠雀属 ◆◆◆◇◆

**毛茛科／耐寒性多年生草本植物、秋种一二年生草本植物**　别名：**大飞燕草**

原产地：**欧洲的山地地带至西伯利亚、亚洲、北美洲**
花　期：**5~7月**　上市时间：**1月、3~7月、9月**
用　途：**鲜切花、地栽、盆栽**

**特点**　美丽的花色和大气的植株外观，作为鲜切花很受欢迎，随着品种改良，也出现了可以在花坛栽种或盆栽的品种。有重瓣大花的高性种大花飞燕草"Pacific giant"和长秀丽单瓣花的小型品种翠雀花（*Delphinium grandflorum*）等品种。

**养护**　放在日照充足和通风良好的室外，不喜过度湿润，盆土表面干燥后再浇水。花期结束后，将茎从根部剪除。

翠雀花

大花飞燕草"Pacific giant"

# 露子花属 ◆◆◇

*Delosperma*

番杏科／耐寒性常绿多肉植物　　别名：**耐寒松叶菊**

原产地：南非
花　期：5~9月　　上市时间：3~5月
用　途：地栽、盆栽

**特点**　露子花是松叶菊的近亲。丽晃开出有光泽的红紫色花朵，因其耐寒性强，所以也被称为"耐寒松叶菊"。刺叶露子花的枝条上有白色的突起，开出直径为1.5厘米的白色或黄色的花朵。

**养护**　地栽应选择排水良好和日照充足的地方，盆栽也要放在日照充足的室外，控制浇水量。

刺叶露子花"花笠"　　丽晃"花岚山"

---

# 火把莲属 ◆◆◇

*Kniphofia*

阿福花科／耐寒性多年生草本植物　　别名：**火炬百合、赤熊百合**

原产地：非洲热带地区至南非
花　期：6~10月　　上市时间：3~12月
用　途：地栽、鲜切花、盆栽

**特点**　火把莲属是其旧属名。在粗壮的长花茎顶端开出许多筒形的穗状小花。花蕾是红色的，开放后变成黄色，看起来就是开了两种颜色的花。小型品种有黄红火炬花（*Kniphofia rufa*）。

**养护**　阳光不足则开花情况不好，应尽量放在日照充足的室外。注意不让盆土干燥。花期结束后修剪花茎。

左／火炬花
右／黄红火炬花

# 西番莲属 ◆◆◇◆

西番莲科／非耐寒性藤本植物　　别名：**时计草**　　花语：**宗教、信仰**

西番莲

鸡蛋果

原产地：**中美洲、南美洲**
花　期：**7~8 月**　　上市时间：**2~11 月**
用　途：**地栽、盆栽**

**特点**　藤蔓上长有深深裂片的掌状叶片，缠绕着卷曲的胡须，开出的花像钟面。在欧洲，这种花的形状很像基督受难的形象，所以在英语中被称为"受难花"。果实可食用的鸡蛋果（百香果）和红花西番莲也有栽培。

**养护**　从春季到秋季应放在日照充足和通风良好的室外，盆土表面干燥后浇水。冬季应放在室内，控制浇水量。西番莲和掌叶西番莲在温暖地区可以地栽。

左 / 掌叶西番莲
右 / 红花西番莲

# 蝴蝶草属 ◆◆◇◆❀

*Torenia*

玄参科／非耐寒性一年生草本植物、多年生草本植物　　别名：夏堇　　花语：可怜的欲望

夏堇（直立型）

夏堇（皇冠系列，直立型）

原产地：印度
花　期：6~9月　　上市时间：3~10月
用　途：盆栽、地栽、垂吊盆栽、岩石花园

**特点**　直径约为3厘米的唇形花在夏季会不断开放，花形如堇花，因此被称为夏堇。茎分为直立生长型和匍匐生长型，匍匐生长型的茎茂盛生长并下垂，适合用于打造垂吊盆栽。流行的品种是花喉部分为白色的直立型品种皇冠系列，还有蓝色、红色、粉色品种。

**养护**　喜好阳光，应放在日照充足和通风良好的室外。过度干燥则开花情况不好，盆土表面干燥时应尽早浇水。过度生长的植株需要剪去1/2。

黄花夏堇（匍匐型）

夏堇"夏浪、粉白"

# 秋葵属 ●●○

锦葵科／半耐寒性多年生草本植物、春种一年生草本植物　　别名：黄秋葵

原产地：中国
花　　期：6~9 月　　上市时间：6~7 月
用　　途：地栽、盆栽

**特点**　长着如槭树叶般的大叶片，茎会长到 2 米高，上部开出直径为 10~18 厘米的黄色花朵。花只开 1 天，但是会一直开到初秋。其他品种还包括箭叶秋葵和作为蔬菜的秋葵。

**养护**　不耐寒，作为一年生草本植物栽培。地栽应选择日照充足和排水良好的地方，盆栽也要放在日照充足的室外。

箭叶秋葵

黄蜀葵

# 赛亚麻属 ○●

茄科／半耐寒或耐寒性多年生草本植物、一二年生草本植物　　别名：银杯草、蓝高花

原产地：墨西哥至智利、阿根廷
花　　期：6~9 月　　上市时间：2~12 月
用　　途：地栽、地被植物、盆栽

**特点**　茎匍匐在地面上生长，许多杯状的花朵向上开放。有开出有香气白花的银杯草和细长茎上开出浅蓝色花朵的赛亚麻等，近年还有改良品种如美丽赛亚麻和蓝高花等。

**养护**　应放在日照充足和通风良好的室外，盆土表面干燥后浇水。对多年生草本植物赛亚麻应在盆土表面充分干燥后浇水。

蓝高花"紫花"

美丽赛亚麻

# 长春花 ◆◆◇

*Catharanthus*

夹竹桃科／非耐寒性春种一年生草本植物、常绿灌木　　别名：**日日春**　花语：**友情**

原产地：马达加斯加、印度尼西亚、巴西等热带地区
花　期：4~10月　　上市时间：4~10月
用　途：地栽、盆栽、鲜切花

**(特点)** 每天都会开花，因此被称为"日日春"。粉色和白色的朴素花朵在有光泽的叶片的映衬下十分美丽。最近，浅色品种也很受欢迎。适于制作鲜切花的是高50厘米以上的高性种，适于花坛种植和盆栽的是高30~40厘米的矮性种，还有高约20厘米、茎匍匐生长，适合作为地被植物和垂吊盆栽的匍匐型品种等。

**(养护)** 不耐寒，作为一年生草本植物栽培。喜好阳光，应放在日照充足和通风良好的室外。耐干燥，不耐过度湿润，盆土表面干燥后再大量浇水。

长春花

---

# 凌霄属 ◆◆

*Campsis*

紫葳科／落叶藤本植物　　别名：**五爪龙**　花语：**荣光**

原产地：**中国**
花　期：7~8月　　上市时间：3~9月
用　途：地栽、盆栽

**(特点)** 藤蔓上开出一簇簇漏斗形的花朵，在盛夏开放。开小花的美国凌霄，以及美国凌霄和凌霄花的杂交品种"盖伦夫人"，都适合制作拱门和围栏。

**(养护)** 弱光会导致花蕾掉落，应栽植在排水良好、一天中都有阳光的地方。冬季需要剪枝。

上／凌霄花
右／美国凌霄

# 假茄属

茄科／半耐寒性春种一年生草本植物、多年生草本植物

小钟花

原产地：**秘鲁、智利**
花　期：**6~8 月**　　上市时间：5 月
用　途：**盆栽、地栽**

**特点**　属名在拉丁语中意为"小铃铛"。肉质的叶状藤长 40~60 厘米，地上覆盖着许多钟形的花朵。主要的栽培品种小钟花的花和牵牛花类似，其花的直径为 3.5~5 厘米，紫蓝色的花朵中间为白色，喉部为黄色。匍匐假茄的花为浅紫色，中心为紫色。

**养护**　放在通风良好和日照充足的室外，不喜多湿天气，盆土表面干燥后向根部浇水。地栽需要选择日照充足和排水良好的地方。

# 虎耳兰属 ●●●○

*Haemanthus*

石蒜科／半耐寒性春、夏种球根植物　　别名：**眉刷万年青**

原产地：**南非、非洲热带地区**
花　期：**6~10 月⊖**　　上市时间：9~11 月
用　途：**盆栽**

**特点**　有叶片还没长出来的时候就开出丝状的红色球形花朵的网球花；还有花茎短，开白色小花，丝状的雄蕊如眉刷般，从秋季到冬季开花的虎耳兰等品种。

**养护**　从春季到秋季应放在日照充足的室外。夏季应放在凉爽的半阴处，保持一定程度的干燥。冬季室内温度保持在 5℃以上。

虎耳兰（眉刷万年青）

网球花

⊖　品种不同，花期也有所不同。

# 马鞭草属 ◆◆◆◇◆◇

*Verbena*

马鞭草科／耐寒性一年生草本植物、多年生草本植物　　别名：美女樱　　花语：魔力

马鞭草（美女樱，一年生品种）

上／细叶美女樱（宿根马鞭草）
右／细长马鞭草（宿根马鞭草）

马鞭草"花手球"（宿根马鞭草）

原产地：中美洲、南美洲
花　期：5~10月　　上市时间：3~7月
用　途：地栽、盆栽、垂吊盆栽、地被植物

**特点**　分为从种子开始栽培的一年生种和从扦插芽开始栽培的多年生种，两种又都有直立型和匍匐型品种。被称为"美女樱"的一年生草本植物会在茎顶端开出樱花般的小花，花朵的中心有白色的部分。多年生品种也叫宿根马鞭草，除了直立生长的细长马鞭草和柳叶马鞭草外，现在还有很多花色丰富的园艺品种。

**养护**　放在日照充足和通风良好的室外，不耐高温湿润的天气，一年生种需要凉爽的环境。不喜过度湿润，盆土表面充分干燥后浇水。开花的花朵减少后，修剪掉1/2。

# 木槿属 ◆◆◆◇✿

锦葵科／非耐寒性常绿小乔木　　别名：**夏威夷木槿**　　花语：**纤细的美丽**

木槿（新品种）

木槿"卡罗拉白"（老品种）

斑叶木槿

吊灯扶桑

原产地：**亚洲热带地区**
花　期：**5~9 月**　　上市时间：**全年**
用　途：**地栽、盆栽**

**特点**　木槿一般都是杂交品种，有 3000
种以上。分为自古以来就有培育的以朱槿
为基础的杂交品种，被称为老品种，以及
大花、花色丰富的新品种（夏威夷木槿）。
最近，还出现了叶片带有白色和粉色斑纹
的品种，可以观赏花朵和叶片。

**养护**　放在阴凉处，花蕾会掉落，因此
应放在日照充足和通风良好的室外，盆
土表面干燥后大量浇水。冬季放在室内
日照充足的窗边，保持一定程度的干燥。

# 金苞花属 ◆◆◆

*Pachystachys*

爵床科／非耐寒性常绿灌木　　别名：红珊瑚花

原产地：美洲（墨西哥、秘鲁、圭亚那等）
花　期：5~10 月　　上市时间：4~9 月
用　途：盆栽

**特点**　白色的花从 4 排明黄色的苞片之间伸出来的是黄虾
衣花，在植株小的时候就会
经常开花。绯红珊瑚花会在
绿色苞片间开出红色的花。

**养护**　喜好阳光，应放在日
照充足和通风良好的室外
明亮的半阴处，避免干燥。
冬季应放在室内的窗边，控
制浇水量。

绯红珊瑚花　　　　　　　黄虾衣花

# 雪朵花 ◆◇◆

*Sutera*（ = *Bacopa*）

玄参科／半耐寒性常绿多年生草本植物　　别名：百可花

原产地：南非
花　期：4~10 月　　上市时间：全年
用　途：盆栽、垂吊盆栽

**特点**　细长的茎匍匐生长，小花在植株上持续开花。
花朵数量多，花期长，作为组合栽培和垂吊盆栽的素
材很受欢迎。花色丰富，还有斑叶品种。

**养护**　放在日照充足和通风良好的室外。天气热则开
花情况不好，夏季要避免阳光直射，放在明亮的半阴
处，避免水分
不足。

雪朵花
"超级棉花糖"

雪朵花"雪花"

# 罗勒属  *Ocimum*

唇形科／非耐寒性一年生草本植物、多年生草本植物　　别名：**九层塔**

原产地：亚洲热带地区
花　期：7~9 月　　上市时间：3~10 月
用　途：地栽、盆栽、香草

**特点**　自古就被作为药草、香草使用，被称为香草之王。分枝多的茎上长出有光泽的叶片，唇形花呈穗状开在枝头上。品种有叶片为红紫色的"紫红罗勒"和散发肉桂香气的品种等。

**养护**　温度越高，对其生长越有利。应放在日照充足和通风良好的室外，注意防止水分不足。尽早剪除花穗，以免长势变弱。

紫红罗勒

甜罗勒

# 莲属 *Nelumbo*

莲科／非耐寒或耐寒性多年生草本植物　　别名：**莲花、荷花**　　花语：**沉着、修养**

原产地：热带和温带的亚洲地区、澳大利亚、南美洲、北美洲
花　期：6~8 月　　上市时间：5~8 月
用　途：水培、鲜切花、干花

**特点**　在池塘等地方栽植，可以装饰夏季的池塘，也有碗莲等小型品种，可以在小型容器里水培。有单瓣和重瓣等品种，色彩也十分丰富，如白色、粉色、深桃红色等。

**养护**　喜好日照，在阴凉处则开花情况不好。应放在通风良好的地方，水深保持在 10~15 厘米，冬季应避免受冻。

碗莲"友谊红 3"

水培的碗莲

# 虎刺梅 ◆◆◆◇

*Euphorbia*

大戟科／半耐寒性多肉性常绿灌木 　别名：花麒麟 　花语：自立

原产地：马达加斯加
花　期：6~10月　　上市时间：2~4月、6~9月
用　途：盆栽

**特点** 茎上带有尖刺，在顶端开出几朵惹人怜爱的花。温度足够则整年都可以开花，高温下开花的数量更多。花朵直径在 5 厘米以上的大花系列很受欢迎。

虎刺梅

**养护** 喜好阳光，应放在通风良好和日照充足的室外，待盆土表面干燥后浇水。冬季应放在室内，控制浇水量。

铁海棠"Big kiss series"

# 花菖蒲 ◆◆◇◆◇

*Iris*

鸢尾科／耐寒性多年生草本植物 　花语：传言、温柔

原产地：西伯利亚东部、中国东北部、朝鲜半岛、日本
花　期：5~7月　　上市时间：4~6月
用　途：盆栽、地栽、鲜切花

**特点** 根据日本野生品种的花菖蒲改良而来的园艺品种，自江户时代开始就被用于观赏栽培。分为多花、观赏群生美的江户系列和豪丽大花的肥后系列，以及植株矮、花瓣呈皱缩状的伊势系列等。其他还有在美国等地改良的外国品种和近亲品种杂交而来的黄花品种等。

**养护** 喜好阳光，应放在避开强风、日照充足的室外。不喜极端干燥，进入夏季后应将盆栽放入盛有水的花盘，以腰水的方法从底部吸水。

花菖蒲"日之出鹤"（江户系列）

# 阔叶马齿苋

*Portulaca*

马齿苋科／非耐寒性多年生草本植物　　别名：**阔叶半支莲**　　花语：**天真无邪**

原产地：**南美洲**
花　期：**5~11月上旬**　　上市时间：**4~10月**
用　途：**盆栽、地栽**

**特点**　松叶牡丹的同属成员，也以马齿苋的名字在市场上流通。茎铺满地面，色彩鲜艳的花朵在枝头次第绽放。花有单瓣或重瓣，花色丰富，也有斑叶或成团开放的品种。花朵只开1天，在阴天或雨天则闭合。

**养护**　放在日照充足和通风良好的室外，不喜过度湿润，盆土表面干燥后浇水。不耐寒，作为一年生草本植物栽培。

上／斑纹阔叶马齿苋"Linhope"
右／阔叶马齿苋"Sansan"

# 花烟草

*Nicotiana×sanderae*

茄科／非耐寒性春种一年生草本植物　　别名：**长花烟草**　　花语：**我喜欢孤独**

原产地：**南美洲**
花　期：**5月下旬~8月**　　上市时间：**4月、7~8月**
用　途：**盆栽、地栽**

**特点**　长长的花筒顶端开出星形的美丽花朵。现在市场上出现的是花烟草（*Nicotiana alata*）的改良品种，植株矮，多花，开花时间长。和烟草同属，由于日本的烟草专卖制度，目前已经被禁止栽培了。

**养护**　不喜多湿天气，水滴在花朵上会使其受损，应放在避雨、日照充足的阳台等地，盆土表面干燥后向根部浇水。

"绿花"烟草

花烟草

# 假龙头花属 ◆ ♡

*Physostegia*

唇形科／耐寒性多年生草本植物　　别名：**虎尾花、芝麻花**　　花语：**达成**

原产地：北美洲
花　期：7~9 月　　上市时间：3~5 月、8~11 月
用　途：地栽、鲜切花、盆栽

**特点**　栽培的品种是假龙头花，直立的四角茎上开出粉色或白色的穗状花朵，自下而上开放。在 10~30 厘米长的花穗上开出 4 排筒形的花。叶片上面有白色或黄色的斑纹。

**养护**　喜好日照，在较弱光线下也会开花。夏季不耐干燥，盆土表面干燥后大量浇水。

斑叶假龙头花　　　　　　　假龙头花（白花品种）

# 美花莲属 ◆◆ ◆◆

*Habranthus*

石蒜科／半耐寒或耐寒性春种球根植物

原产地：中美洲、南美洲
花　期：6~10 月　　上市时间：4~12 月
用　途：盆栽、地栽、岩石花园

**特点**　在茎顶端开出 1 朵漏斗状的花朵，极个别的会开出 2 朵花。属名在希腊语中意为"优雅的花"。有开粉花的粗壮美花莲和开黄铜红色小花的橙色葱兰等许多园林品种。

**养护**　放在日照充足和通风良好的室外，盆土表面干燥后浇水。冬季应避免球根受冻，做好防寒措施。

橙色葱兰　　　　　　　　粗壮美花莲

# 粉花凌霄属 ◆○◆

紫葳科／非耐寒性常绿藤本植物　　别名：**南天素馨、素馨凌霄**

原产地：澳大利亚
花　期：6~10月　　上市时间：4~9月
用　途：盆栽

**（特点）**　因其有光泽的叶片像南天竹，花朵像素馨，所以日文名是"南天素馨"和"素馨凌霄"。一般栽培的品种是粉花凌霄，白色或浅粉色的花喉部分带上浅红色，开出几朵漏斗形的花朵。还有叶片带斑纹的斑叶粉花凌霄"Variegata"。属名出自希腊女神潘多拉。

**（养护）**　喜好阳光，应放在日照充足和通风良好的室外，盆土表面干燥后浇水。冬季应放在日照充足的窗边，保持一定程度的干燥，温度保持在5℃以上。

斑叶粉花凌霄

---

# 射干属 ◆◆○

鸢尾科／耐寒性多年生草本植物　　别名：**乌扇、乌蒲**　　花语：**诚意**

原产地：印度、中国、日本
花　期：7~8月　　上市时间：3月、5月、7~9月
用　途：地栽、鲜切花、盆栽

**（特点）**　两排剑形叶片呈扇形排列，带着深橙色斑点的6瓣花相继开放。因像平安时代的贵族使用的日本柏扇而得名。有属于矮生栽培品种的达摩柏扇和与鸢尾的杂交品种"万花筒射干"等品种，色彩丰富。

**（养护）**　放在日照充足和通风良好的室外。不喜过度湿润，盆土表面干燥后大量浇水。

达摩柏扇

万花筒射干

# 神香草 ◆●◇◆

*Hyssopus*

唇形科／耐寒性多年生草本植物　别名：**柳薄荷**

神香草

原产地：**欧洲南部至中亚**
花　期：**6~7月**　上市时间：**5~6月**
用　途：**香草、地栽、盆栽、鲜切花**

**特点**　栽培历史悠久，植株整体都有类似薄荷的浓郁香味，用于菜肴调味和制作香草茶。植株可长到约60厘米的高度，如柳叶般的叶片细长、有光泽，茎顶有呈穗状开放的蓝紫色唇形小花。市场上还出现了开粉色和白色花的园艺品种。

**养护**　放在日照充足和通风良好的地方。不耐高温多湿和湿热，夏季要放在通风良好的室外。花期结束后，从1/2处或2/3处修剪。

# 金丝桃属 ◆

*Hypericum*

金丝桃科／耐寒性常绿或落叶灌木　花语：**悲伤难以为继**

原产地：**热带、温带地区**
花　期：**6~9月**　上市时间：**5~7月**
用　途：**地栽、盆栽**

**特点**　主流的园艺品种是原产于中国的雄蕊长而凸出的金丝桃，开深黄色花朵，以及下垂枝条上开着类似梅花的小花的金丝梅。最近，开大朵花的"西德科特"金丝桃也很受欢迎，可用于打造花坛。

**养护**　夏季阳光直射会灼伤叶片，因此应放在避免西晒的半阴处。喜好水分，盆土表面干燥时浇水。

黄牛木（金丝桃）

"西德科特"金丝桃

# 向日葵 ◆◆◇◆◇

菊科／非耐寒性春种一年生草本植物　　　别名：**向阳花**　　　花语：**憧憬**

向日葵"太阳"

向日葵"大笑容"

原产地：墨西哥、北美洲中西部
花　期：6~10 月　　上市时间：2~8 月
用　途：地栽、盆栽、鲜切花

**特点**　属名和英文名都是"太阳花"的意思。在古印加帝国，它是太阳神的象征，也是秘鲁的国花。分为高性种、矮性种、直立和丛生等品种。"太阳"的中心为深紫色，"情人节"是分枝多的品种，"大笑容"是矮性种，也是重瓣品种，还有红花等多个品种。

**养护**　喜好阳光，因此应尽量放在日照充足、通风良好的室外，避免盆土干燥，盛夏时要每天浇足水。地栽要选择日照充足和排水良好的地方。

向日葵"情人节"

# 头花蓼 ✿

蓼科／耐寒性半常绿多年生草本植物　　别名：草石椒、岩荞麦

*Persicaria（= Polygonum*

原产地：喜马拉雅山区
花　期：5~10 月　　上市时间：3~6 月
用　途：盆栽、地栽、地被植物

**特点** 可作为地被植物种植在树下、建筑物周围、路边、石墙等处，也可以种植在岩石花园。其茎匍匐生长，生长旺盛；叶片小，呈椭圆形，表面有深紫色的 V 形纹路；浅粉色的小花呈球状开放，从春季开到秋季。

**养护** 从日照充足到半阴处都能生长得很好。耐干燥和高温，耐寒性一般，降霜则会落叶。寒冷地区需要在室内越冬。

头花蓼

# 水鬼蕉属 ✿◇

石蒜科／非耐寒性春种球根植物　　别名：蜘蛛百合、蜘蛛兰

*Hymenocallis*

原产地：北美洲南部至南美洲
花　期：6~8 月　　上市时间：6~8 月
用　途：地栽、盆栽、鲜切花

**特点** 因其独特的蜘蛛花形而受到关注。有开出类似喇叭水仙花朵的大副冠水鬼蕉和叶片美丽的镶边水鬼蕉，还有蜘蛛兰等品种在市面上流通。

**养护** 耐热，喜好阳光，应放在日照充足的室外。注意避免盆土干燥，叶片枯萎时停止浇水，连盆晾干。

镶边水鬼蕉　　　　大副冠水鬼蕉

# 蔓茎四瓣果 ❀

*Heterocentron*

野牡丹科／半耐寒性常绿多年生草本植物　　　别名：蔓性野牡丹、多花蔓性野牡丹

原产地：墨西哥、危地马拉、洪都拉斯

花　期：5~7月　　　上市时间：2~8月、10月

用　途：盆栽、垂吊盆栽、地被植物

**特点**　蔓性野牡丹一般指蔓茎四瓣果。从初夏到盛夏，在茎的顶端开出红紫色的美丽花朵，开满枝头。卵形的小叶片长在细长的茎上，在地面上蔓延生长。植株分枝多，像铺在地面上的地毯。各茎节处长出根，覆盖地面，适合用作垂吊盆栽和地被植物。

**养护**　春季和秋季最好多接受日照，但不喜强烈的阳光直射，夏季应放在通风良好的凉爽半阴处，盆土表面干燥后浇水。冬季应放在室内的窗边，温度保持在 5℃以上。

蔓茎四瓣果

# 避日花属 ❀❀

*Phygelius*

玄参科／半耐寒性常绿亚灌木　　　别名：南非避日花

原产地：南非

花　期：5~10月　　　上市时间：4~7月

用　途：地栽、盆栽

**特点**　属名在希腊语中是"避开阳光"的意思，是以想象中会喜欢阴凉的植物来命名的，但实际上避日花在阳光下生长得很好。南非避日花茎高50~60厘米，叶片呈椭圆形，开粉红色花朵，花呈圆筒状，长约 6 厘米，顶端 5 裂。还有花色为浅黄色的品种。

**养护**　不喜高温多湿天气，夏季应避免西晒，放在通风良好的室外半阴处。盆土表面干燥后浇水，冬季应放在室内窗边。开花后修剪则会再次开花。

南非避日花

# 叶子花属 ◆◆◆◇

*Bougainvillea*

紫茉莉科／非耐寒性半蔓性或蔓性常绿小乔木　　别名：**九重葛**

原产地：中美洲、南美洲
花　期：5~10 月　　上市时间：2~9 月、11~12 月
用　途：盆栽

**特点**　如同花瓣般着色的 3 个花苞各自都有一朵无瓣的黄白色花，看起来像一朵花。有许多园艺品种，如斑叶和重瓣品种等。

**养护**　夏季应放在有阳光直射的室外，盆土表面干燥后浇水。从冬季到春秋应放在室内窗边接受日照，温度保持在 5℃以上。

叶子花"双重白色"（重瓣品种）　叶子花

# 倒地铃　果实 ●

*Cardiospermum*

无患子科／非耐寒性蔓性春种一年生草本植物　　别名：**风船葛、心豆藤**

原产地：东南亚、美洲热带地区
观赏期：7~9 月　　上市时间：6~10 月
用　途：盆栽、装饰栅栏、鲜切花

**特点**　属名来源于希腊语中的"心"和"种子"，其种子上有白色的心形花纹。浅绿色的细茎长大后，用卷曲的茎缠绕在栅栏和其他建筑物上，长长的茎从叶片的两侧延伸出来，在叶片的顶端开出白色的小花。开花后，果实如纸气球般膨胀起来垂在枝头，可以一直欣赏到秋季。

**养护**　放在日照充足和通风良好的室外，避免盆土过度干燥，待其表面干燥时大量浇水。浅绿色的果实变为褐色后，第二年可以作为种子种植。

风船葛

# 钝钉头果 果实

夹竹桃科／半耐寒性多年生草本植物、春种一年生草本植物　　别名：**风船唐棉**

钝钉头果

原产地：南非

花　期：6~7 月　　上市时间：7~10 月

用　途：盆栽、地栽、鲜切花

**特点**　常见的栽培品种是气球花，野生的钉头果是高 2~3 米的常绿灌木，在日本作为一年生草本植物栽培。叶片如柳叶般细长，有 10~15 朵乳白色的小花向下开放，叶片侧边长出花柄。果实在秋季膨胀得如气球般，直径为 5~8 厘米的果实上有许多长约 1 厘米的毛刺。切开枝、茎后，会流出白色乳汁。

**养护**　应放在日照充足和通风良好的室外，不喜过度湿润，待盆土表面充分干燥后浇水。地栽应选择日照充足和排水良好的地方，避免植株倾倒，需要搭架。

# 野牡丹

野牡丹科／耐寒性常绿灌木　　别名：**山石榴、大叶金香炉**

原产地：尼泊尔、越南、中国西南部

花　期：8~10 月　　上市时间：7~10 月

用　途：盆栽

**特点**　从日本九州到冲绳、西表岛都有分布的蔓茎四瓣果的近亲，以"野牡丹"的名字在市面上流通。细长叶片上长有 5 根叶脉，植株高 60~150 厘米，开直径为 4 厘米的粉色 5 瓣花，比花形相似的蔓茎四瓣果多 1 片花瓣。

**养护**　喜好日照，春秋季要放在日照充足和通风良好的室外，盆土表面干燥后再大量浇水。冬季要放在室内阳光充足的窗边，温度保持在 0℃以上。

蚂蚁花

# 醉鱼草属 ◆ ◆ ◇ ◆

*Buddleja*

玄参科／耐寒性落叶灌木　　别名：**房藤空木**　　花语：**信仰之心**

原产地：中国、日本
花　期：5~10月　　上市时间：3~10月、12月
用　途：地栽、盆栽、鲜切花

**特点**　作为鲜切花和地栽的品种是大叶醉鱼草，细长枝条顶端开出20厘米左右的房状花穗，散发浓郁的香气，英文名是"Butterfly bush"。有许多园艺品种，花色也丰富。

**养护**　放在日照充足的室外，夏季应注意避免水分不足。地栽需要选择日照充足和通风、排水良好的地方。冬季选择避开寒风的地方。

大叶醉鱼草

白丰大叶醉鱼草

# 新娘草 ◇

*Gibasis*

鸭跖草科／非耐寒性多年生草本植物

原产地：墨西哥
花　期：4~10月　　上市时间：2~11月
用　途：盆栽、垂吊盆栽

**特点**　也被称为塔希提新娘草，因其浪漫的名字和易于栽培而深受人们喜爱。植株细长的紫红色茎上密布着小叶片，分枝多，细长的花茎末端点缀着白色小花。因其形似新娘所戴的面纱而得名。还有一个叶片有黄白色斑纹的园艺品种"Variegata"。

**养护**　为了让花开得多，应放在日照充足和通风良好的走廊或明亮的窗边。夏季应放在室外避免西晒的半阴处，冬季放入室内。

新娘草

# 蓝扇花 ❀◇❀

草海桐科／半耐寒性多年生草本植物　　别名：**末广草、紫扇花**

原产地：澳大利亚东部和南部
花　期：5~11 月　　上市时间：3~10 月
用　途：盆栽、地被植物

**特点**　因为蓝紫色花的裂片呈扇形展开，所以叫蓝扇花。它是一种匍匐植物，茎可长到 40 厘米左右，用作地被植物和垂吊盆栽。花色有蓝紫色的"蓝色奇妙"和粉红色的"新奇妙"。属名是拉丁语"笨拙"的意思，因为花的形状不规则，看起来似乎缺了一半。

**养护**　喜好阳光，因此要放在日照充足和通风良好的室外。不喜过度湿润，但夏季要注意避免过度干燥。开花后需要修剪，冬季放在阳台或室内窗边。

蓝扇花"蓝色奇妙"

# 鸡蛋花属 ❀❀❀◇❀

夹竹桃科／非耐寒性常绿或落叶灌木　　别名：**印度素馨**

原产地：美洲热带地区
花　期：7~9 月　　上市时间：6~8 月
用　途：盆栽

**特点**　被称为新加坡鸡蛋花的钝叶鸡蛋花是常绿品种，在夏威夷被用来制作花环。树干和枝条质地柔软，大叶略带皮革质感。开纯白色的芳香花朵，喉部呈浅黄色。红鸡蛋花的花色有红、黄等多种。

**养护**　一年四季都需要经常接受日照。夏季要放在日照充足的室外，大量浇水。冬季放在室内，需要控制浇水，温度保持在 10℃ 以上。

红鸡蛋花

钝叶鸡蛋花

# 白花丹属 ◇●

*Plumbago*

白花丹科／半耐寒性常绿灌木　　别名：琉璃茉莉、蓝茉莉

原产地：南非、亚洲、大洋洲
花　期：5~10 月　　上市时间：3~10 月
用　途：盆栽、地栽

**特点**　蓝花丹主要以"琉璃茉莉"的名字在市场流通。从晚春开到秋季，生长的枝条顶端次第开出浅蓝色的花朵。园艺品种有白花品种雪花丹和矮性种"蓝星"等。

**养护**　耐热，喜好阳光，因此应选择放置于日照充足和通风良好的室外，盆土表面干燥后再浇水。冬季应放在室内日照充足的窗边。

蓝花丹

雪花丹

# 蓝英花 ◇●

*Browallia*

茄科／非耐寒性春种一年生草本植物　　别名：大花紫水晶

原产地：中美洲、南美洲（秘鲁、哥伦比亚等）
花　期：7~10 月　　上市时间：4~9 月
用　途：盆栽、垂吊盆栽、地栽

**特点**　用于花坛和盆栽的是蓝英花。分枝多，枝条下垂，在上部叶片的侧面开出紫蓝色或白色的花。管状花的直径为 4~5 厘米，顶端 5 裂。虽然是可以长成高 60~150 厘米的灌木，但在日本是一年生草本。有适合垂吊盆栽的铃铛系列和适合小盆的巨魔（Troll）系列。

**养护**　从春季到秋季放在日照充足和通风良好的室外。不喜强光，夏季应放在通风良好的半阴处。盆土表面干燥后浇水，冬季应放在日照充足、暖和的室内，温度保持在 10℃以上。

蓝英花

# 天蓝绣球属 ◆◆◇◆◇

花葱科／半耐寒性秋种或春种一年生草本植物、耐寒性多年生草本植物　　花语：协调、同意

天蓝绣球"Darwin's choice"

天蓝绣球

原产地：北美洲
花　期：5~6 月（一年生草本植物）、7~9 月（多年生草本植物）
上市时间：2~3 月、6~10 月
用　途：地栽、盆栽、鲜切花

**特点**　天蓝绣球可用于装饰夏季花坛和作为鲜切花利用。直立茎的顶端有金字塔状的花朵，可长期开放。还有高性种和斑叶品种。从春季开花到夏季开花的小天蓝绣球是一年生草本植物，有高性种和矮性种，花瓣是星形的。蓝紫福禄考给人一种野草的感觉。

**养护**　放在日照充足和通风良好的室外，盆土表面干燥后浇水。仔细清理花柄。小天蓝绣球不耐热，避免在夏季栽培。

右上／蓝紫福禄考
右／小天蓝绣球

# 秋海棠属 ●●●●◇●❁

*Begonia*

秋海棠科／非耐寒性多年生草本植物、春种球根植物　　花语：亲切、单相思

四季海棠（四季开花）

原产地：巴西（四季海棠）、中国南部（观叶秋海棠）等地
花　期：3~11 月　　上市时间：4~10 月
用　途：盆栽、地栽

**特点**　有许多园艺品种，根据茎和根部的形状，分为灌木状、球根、根状茎等类型。其中有圣诞秋海棠、球根秋海棠、四季开花秋海棠等品种，经常用于花坛的四季开花的秋海棠和在室内也可以欣赏的灌木状秋海棠、球根秋海棠等在初夏到盛夏都可以观赏。此外还有作为观叶植物的秋海棠，可以观赏叶片形状和斑纹，花纹多种多样，色彩丰富，全年都可以观赏。

**养护**　将四季开花的秋海棠放在有阳光直射的室外，其他品种喜好半阴，可以放在明亮的室内。盆土表面干燥后浇水，冬季都需要放入室内，温度保持在7℃以上。

圣诞秋海棠 "Love me"

丽格秋海棠"佛朗明哥"（橙色）和
"嵯峨雪"（粉色）

上／灌木状秋海棠
左中／球根秋海棠
左下／蟆叶秋海棠（左）
和铁甲秋海棠（右）

# 碧冬茄 ◆◆◆◆◇◆◆

*Petunia×hybrida*

茄科／非耐寒性一年生草本植物、多年生草本植物　　　别名：撞羽牵牛

碧冬茄（灌木型）

原产地：南美洲
花　期：3~10 月　　　上市时间：3~11 月
用　途：盆栽、垂吊盆栽、地栽

**特点** 从初夏至秋季都会开出五彩缤纷的小花。有两种类型：灌木型和半匍匐性的垂吊型，花朵有从直径为 10 厘米到 5~6 厘米的小花等多种花形。花色种类繁多，有单色、花纹、混色、以中心为基点的放射性条纹和重瓣等品种。近亲品种舞春花也以"碧冬茄"的名字在市面上流通。

**养护** 放在日照充足和通风良好的室外，植株不喜过度湿润，盆土表面十分干燥后向根部浇水，避免浇到花朵上。当开花情况变差后摘除花柄，进行修剪。

碧冬茄"迷你"（垂吊型）

碧冬茄"邦弗雷粉色"和"邦弗雷红色"（灌木型）

上／碧冬茄"斗士"（灌木型）
右上／碧冬茄"紫色波浪"（垂吊型）

舞春花"百万种"

# 罗伞葱属 ◆

*Bessera*

百合科／半耐寒性春种球根植物　　别名：合丝韭

原产地：墨西哥南部
花　期：7~9 月　　上市时间：3~4 月
用　途：地栽、盆栽、鲜切花

**特点**　栽培的品种是罗伞葱，开色彩鲜艳的朱红色花朵，英文名的意思是"珊瑚色的水滴"。在长30~60厘米的细长花茎顶端开出 10~12 朵钟形花朵，向下开放。开放后会有朱红色的花丝。作为鲜切花很受欢迎。属名是根据澳大利亚的植物学者贝萨而命名的。

**养护**　喜好阳光，因此应放在日照充足和通风良好的室外，盆土表面干燥后浇水。地表部分枯萎后停止浇水，使整个盆栽干燥，放在能避免受冻的地方。

罗伞葱

---

# 红花 ◆◇

*Carthamus*

菊科／耐寒性秋种一年生草本植物　　别名：末摘花　　花语：区别

原产地：地中海沿岸、西亚
花　期：7~8 月　　上市时间：3~11月
用　途：地栽、盆栽、鲜切花、香草、染料

**特点**　蓟花般的橙黄色花朵随着开花而变为红色。叶片和花朵周围的圆形苞片上有刺的部分可用于榨油，没有刺的圆叶品种可作为鲜切花。有的品种花色为乳白色，不变色。

**养护**　喜好干燥，地栽应选择排水良好、日照充足的地方。长出花蕾后，为避免被强风吹倒，需要搭架。开花季节需要避雨。

红花（圆叶品种）　　　　红花（白花品种）

# 萱草 ◆◆◆◇◆◇

百合科／耐寒性多年生草本植物　　　别名：**一日百合**　　　花语：**媚态**

原产地：中国、日本
花　期：5~10 月　　上市时间：2~6 月
用　途：地栽、盆栽、鲜切花

**特点**　与北萱草同属。以"萱草"名字流通的基本都是在欧美改良栽培的园艺品种。有花朵直径达约 24 厘米和开 5 厘米小花的众多品种。因为花只开 1 天，所以被称为"一日百合"。

**养护**　喜好阳光，因此应放在日照充足和通风良好的室外，盛夏应移至凉爽的半阴处。开花时期要注意避免盆土干燥。

萱草"帕"

萱草"萨利"

# 天芥菜属 ◇◆

紫草科／半耐寒性一年生草本植物、常绿灌木　　　别名：**天芥菜**

原产地：厄瓜多尔、秘鲁
花　期：5~7 月、9~11 月　　上市时间：1~11 月
用　途：盆栽、地栽

**特点**　原产于秘鲁的南美天芥菜是分枝多的小灌木，散发香气的小 5 瓣花在枝头密集开放，也作为香草植物利用。此外，还有原产于欧洲南部的一年生草本植物的椭圆叶天芥菜，茎叶上覆盖了白色软毛，叶片和花序又大又美，且较为耐寒，花香较淡。

**养护**　放在日照充足和通风良好的室外，避免盆土干燥。冬季应放在暖和的室内，控制浇水量，保持一定程度的干燥，温度保持在5℃以上。开花后修剪。

南美天芥菜

# 拟蜡菊属 ❀❀❀◇

*Helichrysum*

菊科／非耐寒性一年生草本植物、多年生草本植物　　别名：帝王贝细工

蜡菊

蜡菊（*Helichrysum subulifolium*）

原产地：澳大利亚
花　期：5~7月　　上市时间：12月~第二年7月
用　途：地栽、盆栽、鲜切花、干花

**特点**　如同麦秆的植株上开出色彩鲜艳的花朵，名字是麦秆菊，英文名也是同样的意思。分为适合鲜切花的高性种和适合容器栽培的矮性种。除此之外，高10~15厘米，开银色花朵的"银色蜡烛"，作为进口干花很受欢迎。还有银叶的具柄蜡菊。

**养护**　喜好阳光，应放在日照充足和通风良好的室外，梅雨季节要移至避雨的走廊等。避免盆土过湿，待其表面干燥后大量浇水。

蜡菊（*Helichrysum retortum*）"银色蜡烛"

# 鳞托菊 ✿ ◇

*Helipterum*

菊科／半耐寒性一年生草本植物、多年生草本植物 　　花语：**温顺、永远之爱**

原产地：澳大利亚南部
花　期：6~9月　　上市时间：1~6月
用　途：盆栽、地栽、鲜切花、干花

**特点** 作为鲜切花而受到欢迎的鳞托菊，在细长的茎的顶端开出白色或粉色的花朵，看起来像花瓣的部分是总苞，质感类似白纸。以盆栽流通的"花发簪"在春季开出美丽的黄白色花朵。

**养护** 放在日照充足和通风良好的室外。不耐雨淋，因此梅雨季节要避开雨水，移至凉爽的走廊等。要仔细清理花柄。

纸鳞托菊"花发簪"

鳞托菊（花笺菊）

---

# 小虾花 ✿✿✿

*Beloperone*（= *Justicia*）

爵床科／半耐寒性常绿灌木 　　别名：**虾衣花**

原产地：墨西哥
花　期：5~7月　　上市时间：**全年**
用　途：盆栽、鲜切花

**特点** 枝条两端花穗的红褐色苞片像鳞片一样相互重叠，日文名是"小海老草"，英文名也是同样的意思。从苞片里长出的筒状唇瓣形白色花朵的基部长有红紫色斑点。花很快就会凋落，但苞片可以观赏很长时间。有些品种有美丽的浅黄色苞片，如"黄皇后"，也有叶片带斑点的品种。

**养护** 喜好阳光，光线不足、开花情况不好时，花苞的颜色也不鲜艳。应放在日照充足和通风良好的室外，夏季需要浇水。冬季应放在室内窗边，保持一定程度的干燥。

小虾花

# 婆婆纳属 ◆ ○ ◆

*Veronica*

车前科／耐寒性多年生草本植物、一年生草本植物　　别名：琉璃虎尾　　花语：坚固

穗花

兔儿尾苗

原产地：西伯利亚、中国、日本等地
花　期：5~7月　　上市时间：1~10月
用　途：地栽、盆栽、鲜切花

**特点**　在日本也有野生的品种。穗花和兔儿尾苗作为鲜切花利用和用于打造花坛。直立的茎顶端开出小小的蓝色花朵，呈穗状，自下而上开放。有粉色花、白色花品种，以及从高性种到矮性种等许多品种。藤本植物"牛津蓝"会开到晚秋。

**养护**　喜好阳光，因此应放在日照充足和通风良好的室外，梅雨季节、夏季都要避雨，移至半阴处。避免盆土过度干燥，盆土表面干燥后尽早大量浇水。

长梗婆婆纳"牛津蓝"

# 钓钟柳属 ❀❀❀❀

车前科／秋种或春种一年生草本植物、耐寒性多年生草本植物　　　别名：**五蕊花**

原产地：北美洲
花　期：5~8 月　　上市时间：3~6 月
用　途：盆栽、地栽、鲜切花

**特点**　钓钟柳高 50~80 厘米，开红色、浅紫色的钟形花朵，呈穗状开放，是多花的品种。花喉部分呈白色，对比鲜明的美丽品种很多。从初夏到夏季结束，红花钓钟柳开出红色的筒形花，花朵向下。

**养护**　放在日照充足和通风良好的室外，不喜高温多湿的天气，夏季由于雨季长应移至避雨、凉爽的半阴处。盆土表面干燥后浇水。

钓钟柳　　　　　　　　　　　　　　　　　　　红花钓钟柳

# 五星花属 ❀❀❀❀

茜草科／非耐寒性多年生草本植物、春种一年生草本植物　　　别名：**草山丹花**

原产地：非洲热带地区东部至阿拉伯半岛
花　期：5~10 月　　上市时间：4~10 月
用　途：盆栽、地栽

**特点**　因为能开出类似于龙船花的花朵，所以日文名是"草山丹花"。主要栽培的品种是五星花，全株有短毛，茎端有 30~40 朵直径约为 1 厘米的可爱星形花陆续开放，形成半球形。花从初夏开到秋季，开花时间长，非常受欢迎。

**养护**　喜好阳光，应放在日照充足和通风良好的室外。不喜过度湿润，在盆土表面干燥后再浇水。冬季应放在室内窗边，让阳光透过玻璃照进来，保持一定程度的干燥。

五星花（*Pentas lanceolata*）

# 凤仙花 ◆◆◆◇

*Impatiens*

凤仙花科／非耐寒性一年生草本植物　　别名：爪红、指甲花

原产地：印度、马来半岛、中国南部
花　期：6~9月　　上市时间：6月
用　途：地栽、盆栽、鲜切花

**特点**　因为可以用花朵榨的汁染指甲，也被称为"爪红"。成熟的果实被碰到后种子会飞散。分为高50~60厘米的高性种和高20~40厘米的矮性种。花形有秀丽的单瓣和华丽的重瓣，还有多瓣型中花瓣数量多的椿开型，花色也很丰富。

**养护**　喜好阳光，在高温多湿的环境下生长得很好。放在日照充足和通风良好的室外，盆土干燥后生长情况会恶化，因此在盆土表面干燥时马上大量浇水。

凤仙花（椿开型）

凤仙花

凤仙花

# 酸浆 果实

**茄科／耐寒性多年生草本植物**　　别名：**红姑娘、鬼灯**　　花语：**自然美**

原产地：东亚
观赏期：7~9 月　　上市时间：5~7 月
用　途：盆栽、地栽、鲜切花

**特点**　当白色杯状花开完后，花萼长大形成一个囊袋，将果实包裹起来。囊袋成熟后会变成红色，里面的果实也会变色。根茎被用作退烧药和退热药，用于治疗咳嗽。7 月在日本东京浅草的浅草寺举行的酸浆市场是夏季最受欢迎的活动之一。

**养护**　喜好阳光，因此应放在日照充足和通风良好的室外，盆土表面开始干燥时尽早大量浇水。

酸浆的花　　　　　　　　酸浆

---

# 凤眼莲 ⊖ ♣

*Eichhornia*

**雨久花科／非耐寒性多年生草本植物**　　别名：**水葫芦、凤眼蓝**

原产地：美洲热带地区、南美洲
花　期：8~10 月　　上市时间：4~8 月
用　途：池栽、水栽、水培

**特点**　日文名"布袋葵"来源于其长长的叶柄基部膨胀后形似锦葵，叶柄腹部的形状又像七福神的腹部。在水中长出靛青色的须根，到了夏季，花茎在叶片间生长，顶端开出许多浅蓝紫色的花。花朵分为 6 裂，其中一个裂片中央有黄色斑纹。早上开放，傍晚凋谢，接连开花。

**养护**　如果只是放在水槽或水盆里，开花数量会比较少，将花盆放入水里，放在日照充足的室外，开花情况更好。也可在花盘中积水，腰水栽培。

凤眼莲

---

⊖　被日本指定为需要注意的外来生物。

# 非洲凌霄属 ◆

*Podranea*

紫葳科／非耐寒性常绿藤本植物　　别名：紫芸藤

原产地：南非
花　期：6 月中旬 ~9 月中旬　　上市时间：6~8 月
用　途：盆栽

**特点**　主要的流通品种是非洲凌霄，花朵很像凌霄花，也被称为"肖粉凌霄"。幼苗呈灌木状，随着生长，枝条呈藤蔓状，散发香气的花朵在枝头成簇生长，在盛夏次第开放。花朵呈浅粉色的漏斗形，分为 5 片，有红紫色的筋脉。"康特斯沙拉"是开花多、花期早的品种。

**养护**　喜好阳光，高温下生长情况好，故应放在日照充足和通风良好的室外，盆土表面干燥后浇水。冬季应放在室内明亮的窗边，保持一定程度的干燥，温度保持在 10℃以上。

非洲凌霄

# 梭鱼草属 ◆

*Pontederia*

雨久花科／耐寒性多年生草本植物

原产地：北美洲南部
花　期：6~9 月　　上市时间：5~9 月
用　途：池栽、盆栽、水培

**特点**　一种水生植物，生长在浅水区。株高 60~100 厘米，长茎顶端有厚厚的叶片，开着蓝紫色的小花，呈穗状。花开 1 天就凋谢了，但 10~20 厘米长的花穗上有许多花，持续开放 1 周左右。

**养护**　种在水边或水盆中，或种在花盆中放在积水的花盘里，放在日照充足的室外，以避免水分不足。在寒冷地区，冬季要放入室内越冬。

梭鱼草

# 扭管花属 ✿

茄科／半耐寒性半蔓性常绿灌木　　别名：**伪木荔枝**

原产地：**中美洲、南美洲**
花　期：**5 月中旬~7 月**　　上市时间：**1~4 月**
用　途：**盆栽**

**特点**　属名在希腊语中的意思是"扭曲的管子"，因为其花管是扭曲的。英文名为"Marmalade bush"。叶呈卵圆形，茎长 2~3 米，藤蔓依靠攀爬其他植株生长，开出许多橙红色的花，花的顶端有扭曲的花管，呈漏斗状，花朵次第开放。有的品种开深黄色的花。

**养护**　从春季到秋季应放在日照充足、通风良好的室外，夏季应放在避开强光的凉爽的半阴处。盆土表面干燥后浇水。冬季应放入室内，保持一定程度的干燥，温度保持在 10℃以上。

扭管花

# 马达加斯加茉莉 ♡

夹竹桃科／非耐寒性常绿藤本植物　　别名：**多花黑鳗藤**

原产地：**马达加斯加**
花　期：**3~9 月**　　上市时间：**2~10 月**
用　途：**盆栽**

**特点**　原产于马达加斯加，花朵的香气和茉莉相似，因此被称为"马达加斯加茉莉"，但与茉莉是不同属的植物。有光泽的叶片侧边开出筒形的纯白色花朵，6~7 朵次第开放。花朵被用于制作花篮或胸花。此外，还有叶片有白色斑纹的品种。

**养护**　喜好阳光，应放在有阳光直射的地方，夏季要避免高温和西晒，放在凉爽的半阴处。盆土表面干燥后浇水。冬季放在室内窗边，保持一定程度的干燥，温度保持在 5℃以上。

马达加斯加茉莉

# 松叶菊 ◆◆◆◇

*Lampranthus*

番杏科／半耐寒或耐寒性多年生草本植物、小灌木　　花语：无为、懒虫、倦怠

原产地：南非（开普地区）、纳米比亚

花　期：5~11月⊖　　上市时间：3~7月

用　途：地栽、盆栽、岩石花园、石墙

**特点** 因其叶似松针，花似菊花，所以被称为"松叶菊"。叶片很薄，肉质的叶片呈毯状展开，并开出一簇簇红黄相间的花，具有金属光泽。花在夜间或阴天时闭合。

**养护** 喜好强光，应尽量放在日照充足的室外。植株生命力强健，易于栽种，不喜过度湿润，在盆土表面干燥后浇水，仔细修剪花柄。

松叶菊（白花品种）　　松叶菊（橙色品种）

# 松叶牡丹 ◆◆◆◇

*Portulaca*

马齿苋科／春种一年生草本植物　　别名：日照草、大花马齿苋　　花语：惹人喜爱

原产地：巴西、阿根廷

花　期：6~9月　　上市时间：5~9月

用　途：地栽、盆栽

**特点** 名字来源于松叶和纽扣般的花朵，又因为它能耐受夏季的阳光，所以也叫"日照草"。长着细细的肉质叶片的茎铺满地面，整个夏季陆续开出鲜艳的花朵。老品种的花上午开放，下午闭合，但现在也有大型的重瓣品种，持续开花到傍晚。

**养护** 喜好高温和阳光，应放在有阳光直射的室外。不喜过度湿润，在盆土表面充分干燥后浇水。尽量保持一定程度的干燥。

松叶牡丹（重瓣品种）

⊖ 品种不同，花期也有所不同。

# 万寿菊属

夏

*Tagetes*

菊科／非耐寒性春种一年生草本植物　　别名：**金菊花、孔雀草**　　花语：**预言**

非洲万寿菊

万寿菊（杂交品种）

原产地：**墨西哥**
花　期：**6~10月**　　上市时间：**3~10月**
用　途：**地栽、盆栽、鲜切花**

**特点**　有法国品种和非洲品种，也有这两个种的杂交种。株高 30~40 厘米，花的直径为 3~6 厘米的法国品种被称为"孔雀草"，中心凸起的蓓蕾开花品种是主流栽培的品种。开直径为 7~10 厘米大花的是非洲品种，被称为万寿菊，有株高 1 米的高性种和 20 厘米左右的矮性种，也有白花品种，还有叶片很窄的细叶万寿菊、作为香草被人所熟知的芳香万寿菊等。

**养护**　放在日照充足和通风良好的室外。不喜过度湿润，在盆土表面干燥后浇水。在夏季开花数量减少后，需要修剪掉 1/2，花会开到晚秋。

右上／法国万寿菊"蓓蕾开花"
右／芳香万寿菊（柠檬万寿菊）

241

# 飘香藤属 ◔◯

*Mandevilla*

夏

夹竹桃科／非耐寒性常绿藤本或半藤本植物　　别名：**红皱藤**

飘香藤

飘香藤"玫瑰巨人"

白花飘香藤

原产地：墨西哥至阿根廷
花　期：5~9 月　　上市时间：3~8 月、11 月
用　途：盆栽

**特点** 以飘香藤的名字在市面上流通。花色丰富，如"玫瑰巨人"，花色会有从粉色到红色的变化。此外，还有花色纯白和花喉呈黄色的白花飘香藤，以及深粉红色和黄色的花喉对比鲜明的美丽盆栽品种。

**养护** 光线弱则开花情况不好，因此应放在日照充足和通风良好的室外，盆土表面干燥后浇水。开花期结束后修剪掉 1/3，冬季应放入室内，温度保持在 5℃以上。

242

# 夏白菊

菊科／耐寒性多年生草本植物、秋种一年生草本植物　　别名：**短舌菊蒿**　　花语：**乐趣**

原产地：欧洲西南部、巴尔干半岛、西亚
花　期：5~7 月　　上市时间：5~8 月
用　途：地栽、盆栽、鲜切花、香草

**特点**　夏白菊目前被归入菊属。白色和黄色的小菊花开放，短舌匹菊还被作为香草使用。有单瓣、重瓣、球状花形、丁字花形等多种。

**养护**　放在日照充足和通风良好的室外，不喜过度湿润，在盆土表面干燥后浇水。需要仔细清理花柄。

夏白菊"金球"（球状花形）

短舌匹菊

---

# 千屈菜

千屈菜科／耐寒性多年生草本植物　　别名：**盆花、精灵花、光千屈菜**　　花语：**悲哀**

原产地：朝鲜半岛、日本
花　期：7~8 月　　上市时间：6~9 月
用　途：地栽、鲜切花

**特点**　生长在水边的湿地地带，在盂兰盆节开花。红紫色的小花三五朵开成穗状。千屈菜也有大花品种和花穗长的园艺品种等。

**养护**　为避免盆土干燥，在花盘里放水，放在日照充足的室外。地栽时在夏季也需要浇水。

上／千屈菜
左／千屈菜"摩登粉色"

# 薄荷 ❀○❀

*Mentha*

唇形科／耐寒性多年生草本植物　　別名：香花菜、鱼香草　　花语：美好的品德

原产地：非洲和欧洲的温带地区、亚洲
花　期：6~8月　　上市时间：全年
用　途：地栽、盆栽、香草

（特点）　因其清爽的芳香而受到欢迎，自古就有栽培。有茎直立和匍匐的类型，还有许多斑叶品种。留兰香和胡椒薄荷是代表植物。

（养护）　放在日照充足和通风良好的室外。不喜强光，夏季要移至凉爽的半阴处，注意避免过度干燥。

留兰香　　　　　　　　　　　　　　凤梨薄荷

# 紫露草 ●●○●

*Tradescantia*

鸭跖草科／耐寒性多年生草本植物　　花语：推崇

原产地：北美洲
花　期：5~9月　　上市时间：3~9月
用　途：地栽、盆栽

（特点）　观叶植物紫露草的一员，从春末到秋季次第开花。在高约50厘米的茎上长出细长叶片，茎顶端开出直径为2~3厘米的紫色3瓣花。此外还有以毛萼紫露草为中心改良的花色丰富的园艺品种。

（养护）　地栽要选择日照充足和排水良好的地方，可以种上数年。盆栽也要选择日照充足和通风良好的室外。注意避免盆土干燥，待其表面干燥后浇水。

紫露草

# 绿绒蒿属 ◆◆◆

*Meconopsis*

**罂粟科／耐寒性多年生草本植物、一年生草本植物**　　别名：**喜马拉雅的蓝罂粟**　　花语：**无限的魅力**

原产地：中亚
花　期：6~8月　　上市时间：10~11月
用　途：地栽、盆栽

**特点**　属名在希腊语里的意思是"与罂粟相似"。在日本指的是1990年的世界园艺博览会上出名的"喜马拉雅的蓝罂粟"。主要的栽培品种是开花情况好的藿香叶绿绒蒿，英文名意为"蓝色罂粟"，开直径为5~6厘米的蓝紫色美丽花朵。最近，也有开花的植株和鲜切花在市面上流通，能够观赏到花朵。

**养护**　不耐热，喜好凉爽气候，从春季到秋季应放在日照充足和通风良好的室外，夏季则放在凉爽的避雨走廊。盆土表面干燥后浇水。

藿香叶绿绒蒿

# 酸脚杆属 ◆

*Medinilla*

**野牡丹科／非耐寒性常绿灌木、藤本植物**

原产地：非洲热带地区、东南亚、太平洋岛屿
花　期：6~7月　　上市时间：3~9月
用　途：盆栽

**特点**　热带花木，从大片叶间长出花柄，在花柄顶端长出下垂的大花序。浅红紫色的花苞如同包覆花序般

的粉苞酸脚杆原产于菲律宾。还有原产于爪哇岛、不长花苞的美丽酸脚杆。

**养护**　喜好日照和高温多湿天气，在夏季应避开阳光直射，放在室外通风良好的半阴处。从春季到秋季放在室内，温度保持在10℃以上。

上／美丽酸脚杆
左／粉苞酸脚杆

# 黑足菊属 ◆

*Melampodium*

菊科／非耐寒性春种一年生草本植物

原产地：北美洲
花　期：5~10 月　　上市时间：2~9 月
用　途：盆栽、地栽、鲜切花

**特点**　从向阳处到半阴处，可以在任何类型的土壤中生长。即使在日本炎热潮湿的夏季它也会开花。株高 40 厘米，在分枝多的茎上开出几朵直径为 2~2.5 厘米的黄花。矮性种"金百万"高约 20 厘米，可用于小盆栽和地被植物。

**养护**　放在日照充足和通风良好的室外。不耐干旱，水分不足则生长情况恶化，在盆土表面干燥时尽早浇水。开花期结束后修剪枝条，花可以一直开到晚秋。

美兰菊"金百万"

# 美国薄荷属 ◆◆◆◆◇◆

*Monarda*

唇形科／耐寒性多年生草本植物、春种一年生草本植物　　　别名：马薄荷、松明花

原产地：北美洲东部
花　期：6~10 月⊖　　上市时间：5~8 月
用　途：地栽、鲜切花、香草

**特点**　有在茎上开红色的唇形花的美国薄荷，有粉色花苞和黄色花朵的细斑香蜂草，以及开和矢车菊相似的粉色花的拟美国薄荷等品种。

**养护**　适合地栽，在阴凉处也可以生长得很好。开花后，在从上往下数的第二、三茎节处开始修剪，花朵会再次开放。

美国薄荷

细斑香蜂草

　⊖　品种不同，花期也有所不同。

# 红秋葵 ◆◆

*Hibiscus*

锦葵科／耐寒性多年生草本植物　　别名：**红蜀葵**　　花语：**温和**

原产地：北美洲
花　期：8~9月　　上市时间：3~8月
用　途：地栽

**特点**　高1~2米。从根部长出3~4根茎,向上生长,如枫叶般叶脉清晰的叶片侧面长出长长的花柄,顶端开出正红色的花朵。花朵是直径为10~20厘米的5瓣花,花瓣和花瓣之间有空隙。虽然是早上开放,傍晚闭合,但是每天都可以开1朵花,可以点缀花少时期的庭院。

**养护**　应种在日照充足和通风良好的地方。虽然有耐寒性,但在冬季地表部分枯萎后要将其修剪掉,寒冷地带需要铺干草或土壤来帮助越冬。

红秋葵

# 贝壳花属 　叶 ●

*Moluccella*

唇形科／半耐寒性春种一年生草本植物　　别名：**贝萼摩勒、象耳**

原产地：中近东、高加索地区
观赏期：7~10月
上市时间：2~4月（种子）／鲜切花为全年
用　途：地栽、盆栽、鲜切花、干花

**特点**　从叶片侧面长出直径为3~5厘米,如贝壳般的花萼,6~8片贝壳状的花萼围着茎,长出40~50厘米的花穗。粉白色的小花开在黄绿色的花萼中央,有淡淡的香味。

**养护**　基本没有幼苗销售,一般都是从种子开始栽培。不喜移植,因此应选择日照充足和排水良好的地方直播。

上／贝壳花的花朵
左／贝壳花

# 麻风树属 ◆◆ ◆

*Jatropha*

大戟科／非耐寒性常绿灌木、多肉性灌木　　别名：**南洋樱、珊瑚花**

原产地：非洲热带地区、马达加斯加、美洲热带地区、西印度群岛
花　期：6~9月　　上市时间：9~10月、几乎全年
用　途：盆栽

**（特点）** 佛肚树的树干根部肥大，长花柄的顶端开出红珊瑚般的花朵。琴叶珊瑚开出美丽的深红色的簇状5瓣花。

**（养护）** 不耐寒，盛夏以外的时间放在室内日照充足的窗边，盆土表面充分干燥后浇水。冬季应控制浇水量，温度保持在10℃以上。

佛肚树　　　　　　　　　　　　　　　　琴叶珊瑚

# 夕雾 ◆◇◆

*Trachelium*

桔梗科／耐寒性多年生草本植物、春或秋种一年生草本植物　　别名：**疗喉草**

原产地：欧洲和非洲的地中海沿岸地区
花　期：6~9月　　上市时间：6~9月
用　途：地栽、盆栽、鲜切花

**（特点）** 高30~100厘米，直立茎的顶端开出无数的小花，呈伞状。花朵是直径约为2毫米的钟形花，花柱长而凸出，花序的轮廓如在雾中若隐若现。一般花色为蓝紫色，但也有白色、浅粉色等。是在白昼变长后开花的长日照植物，通常在6~8月开花，不耐寒，因此被当作一年生草本植物。

**（养护）** 放在日照充足和通风良好的室外，盆土表面干燥后大量浇水。初夏摘心则长出许多腋芽，花的数量会变多。开花时需要搭架，防止植株倾倒。

夕雾

# 凤梨百合属 ✿ ♢

*Eucomis*

天门冬科／半耐寒性春种球根植物　　别名：**菠萝百合**

原产地：南非
花　期：6~10月　　上市时间：5~7月
用　途：地栽、盆栽、鲜切花

**特点**　在粗壮花茎上开出许多星状小花，顶端长出的苞叶，植株姿态奇特，被称为"凤梨百合"。有随着黄白色的花朵开放而逐渐变绿的秋凤梨百合，花瓣和苞叶边缘带有紫色的双色秋凤梨百合等品种。

**养护**　放在日照充足和通风良好的室外，在盆土表面干燥后浇水。冬季在日本关东地区以西需要防寒，寒冷地带则需要挖出球根。

秋凤梨百合　　　　双色秋凤梨百合

---

# 大戟属 ✿✿✿ ♢

*Euphorbia*

大戟科／非耐寒性春种一年生草本植物、常绿灌木　　花语：**祝福**

原产地：北美洲
花　期：7~9月　　上市时间：7月
用　途：地栽、鲜切花

**特点**　有在夏季开小花，上部的叶片边缘变白的银边翠；冬季苞片变白，植株整体开花的白雪木；开出红色、黄色的美丽花朵的红羽大戟。

**养护**　放在日照充足和通风良好的室外，避免盆土干燥，待其表面干燥后浇水。白雪木在冬季要放入室内，温度保持在10℃以上。

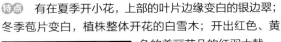

银边翠（高山积雪）　　　　白雪木"白雪公主"

# 百合 ❀❀❀✿✿

*Lilium*

百合科／耐寒性秋种球根植物　　别名：**百合花**　　花语：**纯洁、威严、无垢**

百合"康涅狄格王"（亚洲百合杂交种系）

香水百合（东方百合杂交种系）

百合"梦想"（东方百合杂交种系）

原产地：北半球的温带地区
花　期：5~8 月　　上市时间：全年
用　途：地栽、盆栽、鲜切花

**特点**　园艺品种根据交配的系统大致分为 4 种类型。①花色丰富的亚洲百合杂交种系；②山百合和美丽百合等日本原产的百合杂交而来，花朵香气浓郁、华丽优雅的东方百合杂交种系；③麝香百合等杂交而来的麝香百合杂交种系；④中国原产的王百合等杂交而来的奥列莲杂交种系。此外，还有许多日本原产的野生品种的百合。

**养护**　不耐高温，不喜西晒，夏季应尽量放在通风良好的凉爽半阴处。虽然不喜过度湿润，但是盛夏时也要避免盆土过度干燥，注意浇水。

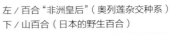

左／百合"非洲皇后"（奥列莲杂交种系）
下／山百合（日本的野生百合）

上／美丽百合（日本的野生百合）
左／新麝香百合"火源"（麝香百合杂交种系）

# 月光花属 ●○

*Calonyction ( = Ipomoea*

旋花科／非耐寒性藤本植物、春种一年生草本植物　　别名：夕颜　　花语：噩梦

原产地：美洲热带地区
花　期：8~9 月　　上市时间：6~8 月
用　途：盆栽、地栽

**特点**　傍晚时分，散发甜美香气的纯白大朵花会悄然绽放，花朵与牵牛花相似，属名在希腊语中的意思是"美丽的夜晚"。英文名的意思也是"月光花"。还有在夜晚开出紫色小花的丁香茄等。

**养护**　喜好高温和阳光，因此应放在日照充足和通风良好的室外，避免盆土干燥。盛夏要每天浇水。

月光花　　　　　　丁香茄

# 兔尾草属 ○

*Lagurus*

禾本科／耐寒性秋种一年生草本植物　　别名：美丽兔尾草

原产地：地中海沿岸
花　期：6~7 月　　上市时间：3~4 月、6 月
用　途：地栽、盆栽、鲜切花、干花

**特点**　属名在希腊语中的意思是"兔子的尾巴"，因为蓬松的花朵和花穗看起来像兔子的尾巴。在初夏时节开出小米粒大小的白色小花，花穗长约4 厘米，开花后，植株被白毛覆盖，经常用于插花和花束。还有花穗短的矮性种"兔尾巴"等品种。

**养护**　地栽应选择日照充足和排水良好的地方。盆栽则放在日照充足和通风良好的室外，盆土表面干燥后浇水。开花后从地表开始清理，阴干后可以做成干花。

兔尾草

# 花葵属

锦葵科／耐寒性春种一年生草本植物、多年生草本植物　　别名：**花葵**

原产地：地中海沿岸
花　期：6~10 月　　上市时间：5~6 月
用　途：地栽、盆栽、鲜切花

**特点**　植株高 50~120 厘米，茎分枝多，从上部叶片的侧面长出花柄，花朵与芙蓉相似，一朵一朵开放的三月花葵，一般被称为"花葵"。最近，多年生草本植物欧亚花葵也很受欢迎。

**养护**　喜好阳光，因此从春季到秋季应放在日照充足和通风良好的室外；不耐湿润天气，梅雨季节要放在避雨的走廊或阳台。

欧亚花葵

三月花葵

---

# 马缨丹属

*Lantana*

马鞭草科／半耐寒性常绿灌木　　别名：**七变花**　　花语：**严格**

原产地：美洲亚热带地区
花　期：4~11 月　　上市时间：2~12 月
用　途：盆栽、地栽

**特点**　层层叠叠的小花一朵朵相继绽放。有开花时黄色和橙色的花会变成红色，日文名是"七变花"的马缨丹；还有花色不变，枝条像藤蔓一样生长的细叶马缨丹等品种。

**养护**　放在日照充足和通风良好的室外，水分不足则叶片会掉落，夏季要每天浇水。花期结束后修剪掉 1/2。

上／马缨丹的园艺品种
左／蔓马缨丹（小叶马缨丹）

# 薰衣草属 ◆ ◇ ◆ ◆

*Lavandula*

唇形科／半耐寒或耐寒性常绿小灌木　　花语：怀疑、不信、等待你

薰衣草（英国薰衣草）

西班牙薰衣草"红色提示"（法国薰衣草）

原产地：北非、地中海沿岸
花　期：5~7月　　上市时间：全年
用　途：地栽、盆栽、鲜切花、香草

**特点**　在欧洲是自古就被利用的香草植物，蓝紫色小花呈穗状开放并散发香气。整体被软毛覆盖，看起来泛白。薰衣草的品种很多，如以日本北海道的薰衣草田出名的英国薰衣草、花穗顶端长有如兔耳状苞叶的法国薰衣草、叶片如蕾丝般美丽的羽叶薰衣草等。

**养护**　一般不喜高温多湿天气，应放在日照充足和通风良好的凉爽室外。需要避免雨淋，保持盆土一定程度的干燥。遇到高温天气时，不耐湿热，植株生长迟缓。开花后修剪花穗和枝条。

羽叶薰衣草（羽裂薰衣草）

# 珍珠菜属 ●

报春花科／耐寒性多年生草本植物　　别名：西洋珍珠菜

缘毛过路黄"爆竹"

黄排草

金球珍珠菜

原产地：欧洲
花　期：5~7 月　　上市时间：全年
用　途：地栽、盆栽、地被植物、垂吊盆栽

**特点**　黄排草高 50 厘米，开出许多黄色的星形 5 瓣花。高性种缘毛过路黄"爆竹"整体植株偏紫色，从叶片侧面开出有圆形花瓣的 5 瓣花。金球珍珠菜高 20~30 厘米，开出许多鲜黄色花朵，也可用于垂吊盆栽等。圆叶过路黄开黄花，可作为地被植物使用。

**养护**　放在日照充足和通风良好的室外，夏季移至凉爽的半阴处，盆土表面干燥后浇水。金球珍珠菜在开花后要修剪，不耐寒，冬季要放在室内。

# 蛇鞭菊属 ❀ ❀ ❀ ❀

*Liatris*

菊科／耐寒性多年生草本植物　　别名：**麒麟菊**　　花语：**傲慢**

原产地：北美洲
花　期：7~8 月　　上市时间：3 月、6~7 月
用　途：地栽、鲜切花

**特点**　穗状花序上的花朵一般由下而上次第开放，但是蛇鞭菊则由上至下次第开放。细长花穗的蛇鞭菊有外观像枪的形状的品种，也有花朵呈球形的品种。

**养护**　放在日照充足和通风良好的室外，夏季应避免西晒，移至半阴处。不喜过度湿润，待盆土表面充分干燥后浇水。

蛇鞭菊（枪形）　　　　　蛇鞭菊（球形）

# 神刀龙属 ❀ ❀ ❀

*Rochea*

景天科／非耐寒性半灌木状多年生草本植物　　别名：**绯红青锁龙**

原产地：南非（开普半岛至布雷达斯多普的山区地带）
花　期：5 月中旬~7 月中旬　　上市时间：4~6 月
用　途：盆栽

**特点**　一般栽培的品种是柱神刀。其茎和叶片略见肉质，先端尖的长椭圆形的厚实叶片互相交错，生长十分密集，开出许多香气迷人的红色小花。花瓣裂为 5 瓣，呈星形。除红色外，还有白底红花纹的园艺品种等。

**养护**　不耐寒和高温多湿天气，夏季要避开雨水，放在通风良好的室外半阴处。待盆土表面充分干燥后，向根部浇水，避免把水浇到茎叶上。冬季放入室内，温度保持在 5℃ 以上。

柱神刀

# 金光菊属⊖

菊科／耐寒性多年生草本植物、秋种一年生草本植物　　别名：**黄菊、黑眼菊**

*Rudbeckia*

夏

全缘金光菊

黑心金光菊

重瓣金光菊"花笠菊"

原产地：北美洲

花　期：6~11 月⊖　　上市时间：3~10 月

用　途：地栽、盆栽、鲜切花

**特点**　鲜黄色的花瓣水平或向下开放，花期结束后中心部分隆起，呈松果状。一年生草本植物黑心金光菊为人所熟知，其他还有多年生草本植物全缘金光菊和金光菊的重瓣花品种"花笠菊"等。

**养护**　放在日照充足和通风良好的室外。不喜过度湿润，待盆土表面充分干燥后浇水，需要注意缺水会使叶片受损。花期结束后，修剪掉 2/3 的植株。

⊖　金光菊属的金光菊在日本是特定外来生物，不能栽培。
⊖　品种不同，花期也有所不同。

257

# 半边莲属 ◆◇◆

桔梗科／耐寒性多年生草本植物、秋种一年生草本植物　　别名：**半边莲**　　花语：**淑贞**

六倍利

原产地：南非、东亚、北美洲中部至东部
花　期：5~9月
上市时间：12月~第二年7月
用　途：地栽、盆栽、垂吊盆栽

**特点**　日本也有野生的半边莲，但半边莲一般指原产于南非的六倍利及其园艺品种。在生长茂盛的植株上开出蓝紫色的蝶形花朵，在日语中被称为"琉璃蝴蝶"。品种有高20~25厘米的中高性种和高约15厘米的矮性种，下垂类型和四季开花半边莲的小型盆栽也可用于观赏。

**养护**　喜好阳光，因此应放在日照充足和通风良好的室外，盛夏应移至通风良好的凉爽半阴处，注意是否缺水。开花后将植株修剪掉1/2，秋季会再次开花。

四季开花半边莲"蓝色仙女"

半边莲"理查德桑尼"

# 秋·冬 季的花

## AUTUMN&WINTER

# ✳ 彩眼花属 ◇

*Acidanthera*

鸢尾科／半耐寒性春种球根植物　　别名：**尖药花**

彩眼花

原产地：非洲热带地区至南非
花　期：9月上、中旬　　上市时间：8~9月
用　途：盆栽、地栽、鲜切花

**特点**　植株与唐菖蒲相似，长长的花茎上开出5~6朵星形的清爽白花。花瓣略尖，花瓣底部有茶褐色斑纹。香气典雅，可作为鲜切花观赏。斑纹为紫红色、花朵数量多的变种彩眼花也有栽培。

**养护**　放在日照充足的地方，盆土表面干燥后大量浇水。花期结束后，地表部分枯萎时把球根挖出来进行干燥处理，在冬季储藏在温暖的室内。

---

# 南美水仙 ◇

*Eucharis*

石蒜科／非耐寒性春种球根植物　　别名：**亚马逊百合**　　花语：**纯洁的心、气质**

原产地：哥伦比亚（安第斯山脉）
花　期：不定期（以9~10月、2~4月为主）
上市时间：春季／鲜切花为全年
用　途：盆栽、鲜切花

**特点**　大叶片与玉簪相似，从叶片间开出水仙般的花朵，花朵向下开放，也被称为"玉簪水仙"。纯白色花朵秀丽典雅，散发香气，作为婚礼用花十分受欢迎。属名在希腊语中的意思是"十分引人注目"，因其白色花朵的美丽而得名。

**养护**　不喜阳光直射，因此从春季到秋季应放在室外的半阴处。盆土表面干燥后浇水。9月中旬过后放入室内温暖的地方，温度保持在10℃以上。

南美水仙

# 阿梅兰属 ◇

*Amesiella（Amesia.）*

兰科／附生兰　　别名：阿梅兰

菲律宾风兰

原产地：菲律宾
花　期：冬季至春季　　上市时间：冬季至春季
用　途：盆栽

**特点**　从肉质厚实的叶片根部长出短花茎，开出2~3 朵圆形花瓣的纯白色花朵。花的唇瓣分为 3 部分，根部细长，向下生长。植株高 3~6 厘米，花朵大而美丽，但是没有香气。

**养护**　喜好高温多湿天气和半阴处。待盆土表面干燥后浇水，需要注意水分不足时新芽的生长会停止、落叶。从春季到秋季，需要遮光 70%~80%，冬季应放在温暖的室内，让阳光透过蕾丝窗帘照进来，温度保持在 15℃以上。

# 树兰 ◆◆◆

*Epidendrum（Epi.）*

兰科／着生兰　　花语：净福

原产地：中美洲、南美洲
花　期：9 月~第二年 2 月　　上市时间：全年
用　途：盆栽、鲜切花

**特点**　卡特兰属的近亲品种，目前仍在不断培育出新品种。细长茎顶端开出粉色和橙色等色的球状小花，花期长的红花树兰种系，作为盆栽和鲜切花流通。与大花蕙兰一样耐寒，生命力强健。

**养护**　在开花期应放在室内明亮的阴凉处。盆土表面干燥后，还需要再等 2~3 天再浇水。

上／树兰（红花树兰种系）
左／橙色球（红花树兰种系）

# 欧石楠属 ◆◆◆◇◆

*Erica*

杜鹃花科／半耐寒或耐寒性常绿灌木　　别名：欧石南　　花语：孤独、寂寞、谦逊

冷杉欧石楠（冬春开花）

帕特森欧石楠（冬季开花）

原产地：南非、欧洲
花　期：11 月～第二年 6 月　　上市时间：全年
用　途：盆栽、地栽、鲜切花

铃兰欧石楠（冬季开花）

**特点**　高 0.3~4 米。根据种类和品种不同，分为春季开花、夏秋开花、冬季开花、不定期开花等类型，基本上全年都有销售。一般最流行的是圣诞欧石楠，粉色的壶状花朵和黑色花药给人留下深刻印象，经常作为鲜切花或用于打造花坛。与白灯台的花朵类似的铃兰欧石楠，开出长筒形花朵的"圣诞游行"等以盆栽的形式流通。

**养护**　喜好阳光，因此冬季应放在室内日照充足的地方，从春季到秋季应放在日照充足的室外，夏季要移至凉爽的半阴处。不喜过度湿润，盆土表面干燥后浇水。花期结束后，用排水良好的土壤移栽，下次开花会更好。

欧石楠（*Erica blandfordia*）（冬季开花）　　欧石楠"圣诞游行"（冬季开花）

电珠花欧石楠
（不定期开花）

上／圣诞欧石楠（春季开花）
左／欧石楠（*Erica ventricosa*）（春季开花）

# 喜沙木属 ◆◆◆

*Eremophila*

苦槛蓝科／半耐寒性常绿灌木　　别名：喜沙木

原产地：澳大利亚
花　期：冬季至早春　　上市时间：5~10月
用　途：盆栽、鲜切花

**特点**　叶片和茎被银白色的毛所覆盖，开出美丽的紫色花朵的是雪白喜沙木；斑点喜沙木长有灰绿色的叶片，从侧面开出红色或黄色的花朵，它们都以喜沙木的名字在市场上流通。以进口鲜切花为主，最近也有盆栽品种。

**养护**　喜好阳光，因此应放在避雨的有阳光处。降霜时节将植株放入室内温暖的窗边。

雪白喜沙木　　　　　　斑点喜沙木

# 齿舌兰属 ◆◆◆◇◆

*Odontoglossum（Odm.）*

兰科／附生兰

原产地：中美洲、南美洲
花　期：11月~第二年2月　　上市时间：几乎全年
用　途：盆栽、鲜切花

**特点**　在长长的花茎上开出10朵以上美丽高贵的斑斓花朵。花的寿命长，花色丰富。与近亲文心兰和堇花兰等的杂交种十分流行，有着其他洋兰没有的独特花形和花色的品种被陆续培育出来。

**养护**　在开花期应放在明亮、通风良好的室内，冬季应在盆土表面干燥后浇水。夏季保持凉爽。

左／齿舌兰（人工属）
右／齿舌兰"间歇泉黄金"

# 酢浆草属 ❀❀❀❀❀

*Oxalis*

酢浆草科／半耐寒或耐寒性春、夏至秋种球根植物　　别名：**球根酢浆草**　　花语：**闪亮的心**

双色冰激凌酢浆草（双色酢浆草）

大花酢浆草

原产地：南非、中南美洲的热带和温带地区
花　　期：10 月～第二年 4 月
上市时间：9 月～第二年 6 月⊖
用　　途：盆栽、地栽

**特点**　　该属中的杂草酢浆草，在地下长有球根。从开花植物少的秋季至春季都可以开花，如果温度足够，一年四季都能开花。花朵和叶片在白天开放，阴天和夜晚会闭合。耐寒性的大花酢浆草也可种在花坛中观赏。

黄花酢浆草（黄麻子）

**养护**　　生命力旺盛，即使不精心照料，2~3 年都可以生长得很好。在开花期必须放在日照充足的地方。在叶片逐渐变茂盛的期间，盆土表面干燥后则大量浇水，1 个月使用 1~2 次液体肥料。叶片开始枯萎后停止浇水，使整个盆栽干燥。

三角紫叶酢浆草"紫舞"

⊖　上市时间因品种不同而有所不同。

# 败酱 ✿

*Patrinia*

忍冬科／耐寒性多年生草本植物　　别名：**女郎花**　　花语：**美人、约定**

原产地：中国、朝鲜半岛、日本
花　期：6~11月　　上市时间：6~9月
用　途：地栽、盆栽、鲜切花

**特点**　作为日本的秋七草之一，外观非常漂亮，有许多黄色的小花在风中摇曳，很受人们的欢迎。除在山区野生的植株外，也有地栽和鲜切花。对于花朵如粟米粒般的败酱，在日本，盂兰盆节时会用其花茎做成筷子，供奉在佛前，因此它也被称为"盆花"。植株高1米以上。

**养护**　生命力强健，栽培比较容易。种在日照充足和排水良好的地方会长得比较高，种在花坛里时最好都种在后面。对于盆栽，在茎开始生长时摘心，控制植株高度。

败酱

# 文心兰 ●●●○◆

*Oncidium（Onc.）*

兰科／附生兰、地生兰　　别名：**金蝶兰**　　花语：**惹人怜爱、兴高采烈**

原产地：中美洲、南美洲
花　期：8~12月　　上市时间：全年
用　途：盆栽、鲜切花

**特点**　美丽的黄花因为像蝴蝶飞翔的姿态，所以被称为"金蝶兰"。因其形似展开裙摆翩翩起舞的舞女，故又有"舞女兰"之称。花朵的形状和颜色十分丰富，还有一些有香气的品种。

**养护**　在开花期应放在室内的半阴处。开花期结束后，从根部附近开始修剪花茎。

上／蝴蝶文心兰
右／文心兰"Aloha Iwanaga"

# 卡特兰属 ◆◆◆◇◆◆

兰科／附生兰　　花语：**优雅的女性、魔力**

卡特兰

卡特兰"富士克里克"

卡特兰"甜糖"

原产地：中美洲、南美洲

花　期：主要在10月～第二年2月　　上市时间：全年

用　途：盆栽、鲜切花

**特点**　以卡特兰属和近亲种属为基础，经过复杂的杂交后诞生的品种群被统称为卡特兰。因其华丽的姿态被称为"洋兰的女王"。根据品种不同，开花时期也有所不同。在日本，从秋季开到冬季的品种比较多，如迷你卡特兰耐低温的能力较强，植株生命力强健，易于栽种。

**养护**　放在明亮窗边，让阳光透过蕾丝窗帘照进来，温度要保持在10℃以上。待盆土表面干燥后，在温爱的上午浇水。如果被空调的暖风吹到，会影响花期。花期结束后，从根部开始修剪花茎，剪除叶鞘⊖部分。

卡特兰"爱情结"

⊖　叶柄下部紧贴茎部的部分，呈鞘状。

267

# 伽蓝菜属  *Kalanchoe*

景天科／半耐寒性多肉植物　　别名：**落地生根**　　花语：**宣告幸福**

长寿花

原产地：东非、马达加斯加
花　期：11 月～第二年 4 月　　上市时间：几乎全年
用　途：盆栽、地栽、鲜切花

**特点**　主要栽培的品种是长寿花，本来是白昼变短时会长出花芽，在晚秋开出 4 瓣小花的一季开花品种，现在还培育出了不受白昼时长影响的开花盆栽，一年四季都有流通。还有花朵像灯罩般的垂吊类型和红色花朵呈半球状开放的圆叶景天。

**养护**　从晚秋到早春应放在日照充足的窗边，温度保持在 3℃以上。不喜高温多湿，夏季应放在通风良好的半阴处。在盆土充分干燥后浇水。修剪花柄和花茎，植株姿态不佳时也要修剪。

伽蓝菜"温迪"

上／伽蓝菜"Mirabella"
右／圆叶景天

# 莸属  *Caryopteris*

马鞭草科／半耐寒或耐寒性多年生草本植物、落叶灌木　　　别名：段菊　　　花语：烦恼

原产地：中国、日本（九州南部）
花　期：8~9月　　上市时间：6~7月
用　途：盆栽、地栽

**特点**　有小花散发香气，开在茎上的兰香草。花朵更为精致的杂交品种蓝花莸也在市面上流通。

**养护**　放在日照充足的地方，盆土表面干燥后浇水。地表部分枯萎后修剪，在春季长出新芽后开花。

邱园蓝莸

兰香草

---

# 帚石楠  *Calluna*

杜鹃花科／常绿灌木　　　别名：彩萼石楠

原产地：欧洲等
花　期：7~10月　　上市时间：全年
用　途：盆栽、地栽

**特点**　植株高10~60厘米。欧石楠属的近亲，与欧石楠相比，花朵更简单，有许多品种有适合寒冷天气的红叶，也有红色、橙色、黑色、黄色等叶色。

**养护**　从秋季到春季应放在阳光充足的室外。在寒冷地区需要在室内越冬。不喜高温多湿，梅雨季节应放在避雨、通风良好的地方。盛夏时要避免西晒。

上／帚石楠的组合栽培
左／开花的帚石楠

# 菊 ◆◆◆◇◆❖ *Dendranthema*

菊科／耐寒性多年生草本植物　　别名：**菊花、观赏菊**　　花语：**高贵、清净**

采用不同方法栽培的菊花

杭菊

原产地：**中国**
花　期：**9~10 月**　　上市时间：**全年**
用　途：**盆栽、地栽、鲜切花**

**（特点）** 代表秋季的花卉植物。栽培的菊花品种大致分为和菊与洋菊，和菊主要分为鲜切花和观赏菊。传统的观赏菊有许多栽培的方式，这需要专业知识。菊花（*Chrysanthemum × morifolium*）等在欧美改良的洋菊一般作为开花盆栽出售，更方便观赏。

**（养护）** 选择已经开了部分花的洋菊可以放在日照充足的室外，避开雨水和强风。将开花的盆栽放在半阴处，花期会更长。在室内观赏则需要先放在室外，在其开花后搬入室内。盆土表面干燥后大量浇水。

左／嵯峨菊
下／菊花（*Chrysanthemum × morifolium*）

菊花

菊花"Lovely mam"

上／菊花"Miramar"
左／多头菊"金风车"

271

# 东方圣诞玫瑰 ◆◆◆◇◆◆

*Helleborus*

毛茛科／耐寒性多年生草本植物　　别名：**东方嚏根草、铁筷子**　　花语：**丑闻**

杂种铁筷子（东方圣诞玫瑰）

原产地：欧洲中部、南部，西亚
花　期：12 月 ~ 第二年 4 月
上市时间：12 月 ~ 第二年 4 月
用　途：盆栽、地栽、鲜切花

**特点**　从冬季开到早春，东方圣诞玫瑰在雪中开出秀丽的白色花朵。目前市场上流通的大多是杂交品种。高 25~40 厘米，开出大朵的 5 瓣花。因在基督教的四旬节（2 月下旬 ~4 月）开花而得名"四旬斋玫瑰"。

**养护**　冬季应避开寒风和冷霜，减少对花的伤害。因其不耐热，夏季应放在通风良好的半阴处，在傍晚变凉爽后浇水。

东方铁筷子（东方嚏根草）

上／铁筷子
右／臭铁筷子

# 千里香 ◇

*Murraya*

芸香科／非耐寒性常绿灌木或小乔木　　别名：**九里香**

原产地：亚洲热带地区
花　期：6~9 月　　上市时间：全年
用　途：盆栽

**特点**　气味香甜的白花相继绽放。花开完了就结出果实，秋季果实成熟后变成红色，所以可以长期欣赏。因其叶片有光泽，在日本又称丝绸茉莉。因其枝叶茂盛，在温热地区可作为绿篱使用。

**养护**　日照条件好则开花多，不耐寒，因此冬季要放在室内明亮的窗边，温度需要保持在 5℃以上。天气转暖后，放在日照充足的室外半阴处。耐干燥，不耐过度湿润，盆土表面干燥后大量浇水。

千里香

---

# 钟南香属 ●●●●◇

*Correa*

芸香科／半耐寒或耐寒性常绿灌木　　别名：**塔斯马尼亚钟、钟南香**

原产地：澳大利亚塔斯马尼亚州
花　期：1~3 月　　上市时间：9~10 月
用　途：盆栽

**特点**　钟南香的花色有红色、黄色、橙色等，在日本主要流通的是粉花品种。从腋芽长出的下垂花朵呈筒形，花的顶端分成 4 瓣，长有 8 枚雄蕊。叶片表面是绿色的，但是叶片背面长有白色的短毛，呈灰绿色。

**养护**　冬季，除温暖地区外，应放在室内日照充足的窗边，开花时要注意水分是否充足。不耐高温和湿热，梅雨季节要放在避雨的走廊或阳台。夏季放在凉爽的半阴处，用寒冷纱遮挡阳光。盆土表面干燥后浇水。

钟南香

❋

# 五色椒

果实 ●●○●

*Capsicum*

茄科／非耐寒性春种一年生草本植物　　别名：**观赏辣椒、朝天椒**　　花语：**记住不好的事**

原产地：美洲热带地区
观赏期：5~8 月（花期 5~8 月）　　上市时间：5~9 月
用　途：盆栽、地栽

**特点**　辣椒结出的果实颜色漂亮，有果实颜色会变化为黄色、橙色、红色的品种，还有单色的红色、紫色品种和斑叶品种等，果实颜色和形状有许多种。

**养护**　喜欢日照充足和通风良好的地方，日照条件好则果实结得多。盆土表面干燥后浇水。如果果实开始受损，应尽早摘除果实。待果实萎缩后再采收种子。

斑叶朝天椒

观赏辣椒

# 秋水仙属

*Colchicum*

秋水仙科／耐寒性夏种球根植物　　别名：**秋水仙**　　花语：**无悔青春、永续**

原产地：北非、欧洲、西亚至中亚
花　期：10~11 月　　上市时间：8~10 月
用　途：盆栽、地栽、无土栽培

**特点**　有单瓣和重瓣的品种，在桌子上放球根也可以欣赏到美丽的花朵。开花时没有叶片，到了春季会长出大叶片，夏季枯萎。

**养护**　日照不好则花朵不能呈现出美丽的色彩。无土栽培也可以开花。花期结束后还可以种在花坛和盆栽里。盆栽要每年挖出球根，在阴凉处保存。

秋水仙"丁香奇缘"

秋水仙"水百合"

# 秋英属 ●●●○●

菊科／非耐寒性春种一年生草本植物　　别名：**秋樱**　　花语：**少女的纯洁**

秋英"橙色校园"

秋英的盆栽

**原产地**：墨西哥
**花　期**：6~10 月　　**上市时间**：4~12 月
**用　途**：盆栽、地栽

（**特点**）　秋英在希腊语中的意思是"美丽的装饰"，在日本是代表秋季的花卉植物，花朵与樱花相似，因此日文名是"秋樱"。除单瓣外，还有半重瓣和花瓣呈筒状的品种、用于盆栽的改良矮性种，以及黄秋英、巧克力秋英等花色品种，花形也有多种。还可以分为早开花的品种和白昼不变短就不开花的晚开品种。

（**养护**）　为了秋季可以在庭院中欣赏，应在 6~7 月播种，控制植株高度。对于黄花秋英，在开花后进行修剪，可以再次开花。

右上／黄秋英"桑尼"
右／巧克力秋英

# 泊芙蓝 ◆

*Crocus*

鸢尾科／耐寒性秋种球根植物　　花语：**开朗、喜悦、愉快、节制之美**

原产地：欧洲南部、小亚细亚
花　期：10~11月　　上市时间：9月
用　途：盆栽、地栽、水培、药用

**特点**　番红花属的秋季开花品种，在紫红色的大花中鲜黄色的雄蕊和细红的雌蕊引人注目。雌蕊可作为香料和染料、药草。从古希腊时代就有栽培，现在也用于染料、烹饪材料、药物等。也可以观赏无土栽培和水培的植株。

**养护**　球根需要长到十几克才能开花，因此应尽量选择大球根。耐寒性强，放在室外也能越冬。

种在水苔里的泊芙蓝

# 紫菀 ◆

*Aster*

菊科／耐寒性多年生草本植物　　别名：**返魂草根**　　花语：**思念远方的人**

原产地：西伯利亚、中国北部、朝鲜半岛、日本
花　期：9~10月　　上市时间：7月、9~10月
用　途：地栽、鲜切花

**特点**　紫菀是孔雀草的近亲，高约 2 米。生长的茎顶端开出许多惹人怜爱的浅紫色小花。到了晚秋，花色变得越来越鲜艳。因为花朵美丽，自平安时代开始就作为观赏植物在日本栽培，是秋季的代表性花卉，自古就作为插花花材和茶道用花。

**养护**　夏季应避开西晒，种在日照充足和排水良好的地方，多株一起种植更有风情。花期结束后从根部剪除开过花的枝条，可长出新芽。

随着秋意渐深，花色也变得越来越鲜艳的紫菀

# 仙客来 ◆◆◇◆◇

*Cyclamen*

报春花科／非耐寒性多年生草本植物　　别名：**篝火花**　　花语：**腼腆**

大盆仙客来

原产地：克里特岛、罗德岛、塞浦路斯岛和土耳其、叙利亚、黎巴嫩
　　　　等地中海沿岸
花　期：10月～第二年4月　　上市时间：9月～第二年3月
用　途：盆栽、地栽

**特点**　因其花朵绚丽，整个冬季都可以开花，作为盆花皇后在欧洲很受欢迎。在心形叶片间长出花茎，开出一朵一朵倒置的花瓣。以前大盆大花是主流，现在出现了用于花坛的品种、芳香型品种、各种原产品种等迷你品种，很受欢迎。

仙客来"辉夜姬"

**养护**　将植株放在温暖、阳光充足的窗口，清理花瓣和发黄的叶片。浇水时应注意不要浇在球茎的顶部，每月用1～2次液肥。

上／花园仙客来"冬浪漫"
右／小花仙客来

277

# 轭瓣兰 ◈

*Zygopetalum（Z.）*

兰科／附生兰、地生兰　　别名：萼瓣兰

原产地：南美洲
花　期：12月～第二年3月
上市时间：12月～第二年3月
用　途：盆栽

**特点**　主要栽培的是花瓣上有红褐色斑纹的品种，长花茎上开出紫色的中等大小花朵。因其沉稳的花色和香气而受到欢迎。不需要在温室中种植。

**养护**　开花时要注意避开阳光直射，应让阳光透过蕾丝窗帘照入室内，温度保持在10℃以上。盆土表面干燥后浇水。从春季到秋季应放在室外半阴处，避免干燥，多浇水。夏季要经常通风，做好管理。

轭瓣兰"BG白色"

# 蟹爪兰 ♣ ● ● ●

*Schlumbergera × buckleyi*
*（= Zygocactus）*

仙人掌科／半耐寒性多年生草本植物　　别名：圣诞仙人掌　　花语：脾气暴躁

原产地：巴西
花　期：11月～第二年1月　　上市时间：8~12月
用　途：盆栽

**特点**　茎像叶片一样薄，茎节相连，顶端的花瓣如丝绸般散发光泽、具有透明感。花朵大、花色丰富的品种不断诞生。

**养护**　购入开花植株后，先在凉爽的地方放2~3天，然后放在室内阳光充足的窗边，不要开暖风。从春季到秋季，放在室外接受阳光照射，夏季后逐渐减少浇水，停止施肥。

蟹爪兰

蟹爪兰"金魅力"

# 秋海棠 ✿◇

*Begonia*

秋海棠科／耐寒性多年生草本植物　　别名：璎珞草　　花语：单相思

原产地：马来半岛、中国
花　期：8~10月　　上市时间：8~10月
用　途：盆栽、地栽、鲜切花

**特点**　高约60厘米。它是秋海棠属中唯一可以在室外越冬的品种，植株生命力强健，在日照不好的地方也可以开花。与蔷薇科的垂丝海棠的花色相似，因花在秋季开放而被称为秋海棠。在夏季快结束时，从叶片侧面长出花茎，次第开出粉色的花朵，可长期观赏。除此之外，也有叶背呈红色、开纯白色花朵的品种。

**养护**　种在避开西晒的半阴处，盆栽则放在阴凉处，叶片质感厚实，花色鲜艳。地表部分枯萎后也要时不时浇水。

秋海棠

# 秋明菊 ✿✿◇

*Anemone*

毛茛科／耐寒性多年生草本植物　　别名：秋牡丹　　花语：褪色的爱

原产地：马来半岛、中国、日本等地
花　期：8~10月　　上市时间：3月、10月
用　途：盆栽、地栽、鲜切花

**特点**　植株上部分枝多的细长茎顶端开出一朵如菊花般的花朵。在日本京都的贵船山有许多野生的品种，因此也被称为贵船菊。有单瓣、重瓣、大朵、小朵、高性种和矮性种等多个品种。

**养护**　盆栽应放在阳光下，夏季移至通风良好的半阴处。避免干燥，大量浇水。

矮性种秋明菊

秋明菊

# 大花蕙兰 ❀❀❀◇❀◆

兰科／附生兰、地生兰　　别名：**西姆比兰**　　花语：**诚实的爱情**

大花蕙兰

大花蕙兰"冰川"

原产地：东南亚、中国、朝鲜半岛、日本、澳大利亚等地
花　期：11月～第二年3月　　上市时间：9~12月
用　途：盆栽、鲜切花

**特点**　耐寒性强，不放在温室里也可以开花，现有许多花期长和开花多的品种。利用茎尖分生组织培育大量幼苗（茎尖培养），产量和受欢迎程度都很高。散发香气的品种和花茎下垂的品种越来越多。多花兰生命力强健，也很受欢迎。

**养护**　在开花期放在明亮的窗边，让阳光透过蕾丝窗帘照进来，在土壤表面干燥前浇水。注意不要吹到空调的暖风。

右上／大花蕙兰"Sweeteyes 'Momoko'"
右／多花兰

# 黄韭兰属 ❦

*Sternbergia*

石蒜科／耐寒性夏种球根植物　　别名：黄花石蒜

原产地：欧洲南部至小亚细亚
花　期：10月　　上市时间：8~9月
用　途：地栽、盆栽

**特点**　分为秋季开花的类型和冬春开花的类型。最流行的是黄韭兰，在秋季的天空下，开出引人注目的黄金色花朵。在原产地，会在草原上一簇一簇开放，据说《圣经》中所写的"所罗门的野百合"指的就是这种花。

**养护**　种在日照充足和排水良好的地方。种了3~4年后，植株会长大，花也会开得更多。盆栽应放在日照充足的地方，盆土表面干燥后大量浇水。花期结束后，叶片会帮助球根长得更充实，因此不需要修剪。

黄韭兰

# 雪滴花属 ♢

*Galanthus*

石蒜科／耐寒性秋种球根植物　　别名：待雪草　　花语：**希望**

原产地：欧洲至俄罗斯南部
花　期：2~3月　　上市时间：12月~第二年1月
用　途：盆栽、地栽

**特点**　雪滴花是春天的使者，在冰雪消融的时节，纯白的花朵朝下开放。外侧3片花瓣细长，内侧3片花瓣只有外侧花瓣的一半长，顶端有绿色斑点。被阳光照射则开花，傍晚时分闭合。除较大的大雪滴花外，还有重瓣、秋季开花的品种。

**养护**　盆栽应放在室外明亮的地方，待盆土表面干燥后浇水。开花后放在阴凉处，避免极端干燥。球根不喜干燥，购入后需要尽快种植。

大雪滴花（大雪花莲）

# 千里光属

*Senecio*

菊科／非耐寒性多年生草本植物　　别名：千里光

绿玉菊"花叶"

千里光

原产地：南非、美洲热带地区
花　期：12月~第二年2月　　上市时间：11月~第二年7月
用　途：盆栽、垂吊盆栽

**特点**　千里光属分布在世界各地的品种有2000多种，栽培的品种只是其中一小部分。绿玉菊在冬季开出浅黄色的花朵，叶片有光泽。有开橙色花朵的千里光在夏季上市，以及作为观叶植物的翡翠珠，还有因组合栽培而受欢迎的千里光（*Senecio leucostachys*）。

**养护**　千里光属植物都不耐寒，冬季要放入温暖的室内。千里光（*Senecio leucostachys*）有一定耐寒性，在日本关东地区以西可以在避开寒风后放在日照充足的室外。

千里光（*Senecio leucostachys*）

翡翠珠（绿铃）

　一　千里光属的马达加斯加千里光在日本是特定外来生物，不能栽培。

# 贝母兰属 ◆◇◆◆

兰科／附生兰

原产地：喜马拉雅山区、印度、东南亚、大洋洲
花　期：冬季至春季　　上市时间：冬季至春季
用　途：盆栽

**特点**　因品种不同而形态不同，有的花茎直立，有的花茎呈弓形弯曲，有的花茎下垂等。一般情况下，这些植物的生长都离不开温室。最常栽培的是杂交种及园艺品种。在拱形的花茎上开出 8~10 朵雪白的花，唇瓣中央点缀有黄色。植株健壮，易于栽培。贝母兰也有在夏季开花的品种。

**养护**　喜好较弱的日照，冬季需要放在双层蕾丝窗帘后面，温度保持在 5~15℃。夏季应放在凉爽的地方，生长期间需要充分浇水。

贝母兰（ *Coelogyne intermedia* ）

# 一枝菀 ◆

×*Solidaster*

菊科／耐寒性多年生草本植物　　花语：请看向我、丰富的知识

原产地：园艺品种
花　期：8~9 月　　上市时间：3~4 月、10~11 月
用　途：地栽、盆栽、鲜切花

**特点**　加拿大一枝黄花的近亲，是原产于北美洲的多皱一枝黄花和孔雀草的杂交品种。高 60~80 厘米，生长的茎的上部分枝多，开出许多柠檬黄色的小花。与缕丝花相似。

**养护**　耐热、耐寒，不需要精心照料就能茁壮成长。有幼苗流通，应种在日照充足和排水良好的地方。茎生长后应搭架。盆栽时花盆不能太小，待叶片有些萎蔫后再浇水。花期结束后，从地面开始清理枝条。

一枝菀

# 茄属  果实 ●●○○ *Solanum*

茄科／非耐寒性常绿灌木、春种一年生草本植物　　别名：观赏茄

琉球柳

素馨叶白英（藤茄）

原产地：非洲、巴拉圭、阿根廷
花　期：9~11月、5~7月　　上市时间：3~10月
用　途：盆栽、鲜切花、地栽

**特点** 茄属植物中，除马铃薯和茄子等蔬菜以外，也有许多花朵和果实都很美丽的观赏植物。观赏花的有原产于中南美洲，浅紫色的花朵向下开放的琉球柳和开星形白花的素馨叶白英；从春季开到秋季开出蓝紫色花朵的蓝花茄；原产于大洋洲的澳洲茄等。观赏果实的品种则有如番茄般结出红色小果实的红茄；从秋季到冬季在枝条上结出许多红色果实，颜色还会从红色变黄色的珊瑚樱，以及形状很有趣的乳茄。

**养护** 大部分植物不耐寒，放在明亮的室内越冬比较安全。植株长乱后需要修剪。

珊瑚樱"大男孩"

红茄

乳茄

# 大文字草

*Saxifraga*

虎耳草科／耐寒性多年生草本植物

原产地：中国、朝鲜半岛、日本
花　期：8~11 月　　上市时间：3~11 月
用　途：盆栽、岩石花园

**特点**　基本品种的白花有 5 片花瓣，下侧 2 片较长，看起来像"大"字，因而得名"大文字草"。最近，红花品种的盆栽等也有流通。

**养护**　因为它自然生长在山涧边水花飞溅的岩石上，所以如果把它种在水源充足的半阴处，就会生长得很好。盆栽也是放在半阴处，夏季和开花时移至阴凉处，防止其褪色。

大文字草

红花大文字草"红"

# 紫娇花属 ●◇●

*Tulbaghia*

葱科／耐寒性春种球根植物　　　别名：蒜味草　　花语：小小的背叛

原产地：南非
花　期：5~8 月、11 月~第二年 3 月　　上市时间：4~7 月
用　途：地栽、盆栽、鲜切花

**特点**　细长花茎顶端开出十几朵惹人怜爱的花朵，横向开放。许多植物散发出蒜的味道，但芳香紫娇花有着甜美的香气，作为鲜切花也十分受欢迎。

**养护**　比较耐寒，在半阴处会生长得很好。在温暖地区，可以在室外越冬。在寒冷地区，降霜前需要移室内日照充足的窗边。可以几年都不用特别养护。

紫娇花

芳香紫娇花

# 石斛属 ◆◆◆◇◆

兰科／附生兰　别名：林兰　花语：任性美人

春石斛

石斛"彩虹舞"

原产地：印度等亚洲热带地区、韩国、日本、澳大利亚、新几内亚
花　期：冬季至春季　上市时间：冬季至夏季
用　途：盆栽、鲜切花

**特点**　一般被称为春石斛的品种多是以金钗石斛为中心改良的品种，从冬季到春季在多肉质的各茎节上开花。由日本原产的细茎石斛培育而来的迷你石斛，因其小花和开花数量多而受到欢迎。美花石斛是细茎石斛的近亲，每年都会开出惹人怜爱的花朵。还有从茎顶端长出花茎的秋石斛品种。

美花石斛

**养护**　喜好阳光，应放在日照充足的窗边。每周浇 1 次水，当盆土表面干燥时浇水。秋石斛喜好高温，在花蕾开放之前应尽量放在明亮暖和的地方，开花时用喷雾的方式补充水分，花期可以更长。

细茎石斛"银龙"

秋石斛"小熊猫"

# 足柱兰属 ✿ ◈ ◆

*Dendrochilum*

兰科／附生兰　　别名：足柱兰

黄穗兰

原产地：东南亚、新几内亚
花　期：冬季至春季⊖　　上市时间：主要是冬季至春季
用　途：盆栽

**特点**　高 20~30 厘米，比较小型的兰花。细长花茎上整齐排列着两列小花，因此也有"项链兰"的爱称。花色以白色、绿色、黄褐色等朴素的花色居多，也有散发香气的种类。代表性植物有原产于菲律宾的黄穗兰。从冬季到春季，40 朵以上散发香气的白花排成两列开放。

**养护**　开花时应放在明亮的窗边，让阳光透过蕾丝窗帘照进来，温度保持在 10℃ 以上。从春季到秋季，应放在半阴处，充足浇水。夏季需要遮光50%~60%，向叶片补充水分。

# 乌头属 ✿ ◆ ✿

*Aconitum*

毛茛科／耐寒性多年生草本植物　　别名：草乌、乌头　　花语：骑士道

原产地：蒙古国南部、中国
花　期：9~10 月　　上市时间：9~10 月
用　途：鲜切花、地栽、盆栽

**特点**　作为有毒植物而出名，秋季开出蓝紫色的花。在日本的山区有 30 种以上的野生品种，栽培的主要是原产于中国的乌头。最近，欧洲原产的西洋乌头和白花、白底紫边花朵的品种等也受欢迎。

**养护**　喜好半阴处和稍微潮湿的地方。在夏季不喜强光和高温，不耐干燥，应栽种在下午有凉风吹过并能遮阴的地方。全草都含有有毒的生物碱，所以在进行种植等工作时要戴上手套，注意不要把汁液沾到皮肤上。

乌头

　⊖　品种不同，花期也有所不同。

# 蒜香藤 ✿

**紫葳科／非耐寒性常绿蔓性灌木**　　别名：**蒜香藤**

*Mansoa*
( = *Pseudocalymma* )

原产地：美洲热带地区（墨西哥至巴西）
花　期：10~11 月　　上市时间：9~10 月
用　途：盆栽

**特点**　在热带地区广泛栽培的藤本植物。划破叶片和花朵则会闻到蒜香，因此日文名是"大蒜蔓"，英文名是"Garlic vine"。秋季植株上会开出很多花。随着开花时间的延长，花色从红紫色变为白色。

**养护**　不耐严寒，冬季应放在明亮的室内，控制浇水，保持一定的干燥。叶片凋落后，温度需要保持在 5℃ 以上，春季会长出新叶。从春季至秋季，应放在日照充足的室外。盆土表面干燥后浇水，避免过湿。

蒜香藤

# 纳丽花属 ✿✿✿✿✿

*Nerine*

**石蒜科／半耐寒性秋种球根植物**　　别名：**钻石百合**　　花语：**豪华**

原产地：南非、博茨瓦纳、纳米比亚
花　期：9~11 月　　上市时间：10~11 月
用　途：盆栽、鲜切花

**特点**　粗花茎顶端开出粉色、红色、白色等有光泽的花朵。太阳照射时，花瓣会闪闪发光，十分美丽。英文名是"Diamond lily"。

**养护**　放在日照良好的地方。冬季放在避霜和避开寒风的走廊等地方。寒冷地区则放入室内。初夏，叶片变黄时停止浇水，使整个盆栽保持干燥。

上／娜丽花（粉花品种）
右／娜丽花（白花品种）

# 蒂牡花属

*Tibouchina*

野牡丹科／半耐寒性常绿灌木　　别名：**紫花野牡丹**　　花语：**平静**

蒂牡花

蒂牡花（巴西野牡丹）

原产地：东南亚、巴西
花　期：7 月～第二年 2 月⊖　　上市时间：2~11 月
用　途：盆栽

**特点**　以"野牡丹"的名字流通的蒂牡花及其园艺品种，是开紫罗兰色的一日花朵，但会不断开花，从夏季一直开到晚秋，"小天使"品种会开出白底带浅紫色花边的花朵，还会变成深粉色，十分美丽。

**养护**　日照不好，则开花情况不好。蒂牡花比较耐寒，如果是在温暖地带的无霜地区，可以在室外越冬，其他地区都放在日照良好的室内。从夏季到秋季，在花蕾长出后应避免水分不足，冬季控制浇水量。

上、左／花色的变化十分
漂亮的蒂牡花"小天使"

　⊖　品种不同，花期也有所不同。

# 一叶豆 ●○◆

*Hardenbergia*

豆科／半耐寒性常绿藤本植物　　别名：紫一叶豆、紫哈登柏豆

原产地：澳大利亚东部至南部
花　期：12月～第二年3月
上市时间：12月～第二年4月
用　途：盆栽、地栽

**特点**　深紫色的蝶形花朵开满枝头。还有粉花和白花的品种，修剪后呈灌木状的品种和盆栽在商店都有出售。

**养护**　不耐干燥，喜好有充足的阳光和避雨、通风良好的地方。冬季应放在明亮的窗边，避免托盘里积水。仔细清理花柄，经常修剪。

一叶豆"白日"

一叶豆

# 三色苋 ●●●●◌

*Amaranthus*

苋科／非耐寒性春种一年生草本植物　　别名：雁来红、苋　　花语：长生不老

原产地：亚洲热带地区
花　期：8~10月　　上市时间：6~9月
用　途：地栽、鲜切花

**特点**　在大雁飞回来的时节，叶色变得鲜艳，因此被称为"雁来红"。也有8月叶片就开始变色的品种。尾穗苋的花穗是下垂的。

**养护**　在肥沃、日照充足的土地栽培。选择没有颜色的幼苗，尽早定植，避免抖落根部的土。切断根部后，生长情况会变差，应注意。

尾穗苋

三色苋"正连赢"

# 初恋草 ◆◆◆◆◆✿

*Leschenaultia*

草海桐科／半耐寒性常绿灌木　　别名：**毫猪花、彩鸾花**

初恋草（黄花品种）

原产地：澳大利亚东部至南部
花　期：10月～第二年1月　　上市时间：9月～第二年3月
用　途：盆栽

（**特点**）　粉色、橙色、黄色的个性小花，从早春开始开满枝头。最近，开亮蓝色花朵的原产品种花环花也有上市。

（**养护**）　不耐严寒，冬季应放在室内明亮的窗边，盆土表面干燥后大量浇水。从春季到秋季，在室外接受充足的日晒。梅雨季节放在走廊等地方，避免雨淋。

花环花"天蓝"

# 兜兰属 ◆◆◆◆✿◆◆

*Paphiopedilum（Paph.*

兰科／多数为地生兰　　别名：**拖鞋兰**　　花语：**思虑良多古怪的人**

原产地：印度、中国、亚洲热带地区、新几内亚、布干维
　　　　尔岛
花　期：11月～第二年2月　　上市时间：全年
用　途：盆栽、鲜切花

（**特点**）　名字来源于希腊语"维纳斯"和"鞋"，源于袋状唇瓣的独特花形。花期约为1个月，在叶片中心长出的花茎上开出一至数朵花。作为绿叶品种，很容易种植。有些品种在夏季开花。

（**养护**）　放在避开阳光直射的室内。避免盆栽干燥，在晴朗的上午浇水。

上／兜兰"甜柠檬"
左／飘带兜兰

# 叶牡丹 ◆●◐◇◆

十字花科／耐寒性夏种一年生草本植物　　别名：羽衣甘蓝　　花语：祝福、利益

叶牡丹（近／名古屋皱缩系　远／切叶系）

用于鲜切花的叶牡丹"衣冠楚楚"

原产地：欧洲西部
花　　期：11 月～第二年 3 月
上市时间：9 月～第二年 1 月
用　　途：地栽、盆栽、鲜切花

（**特点**）　叶牡丹是卷心菜和花椰菜的近亲，是在日本被改良过的园艺植物，如叶片像卷心菜一样圆的东京圆叶系，叶片边缘有细小皱缩的名古屋皱缩系，以及叶片是圆形的、中间皱缩的大阪圆叶系，叶片脉络鲜明的切叶系，还有长茎顶端的叶片形成如同蔷薇般花形的品种。叶牡丹是冬季花坛和组合栽培不可或缺的植物。

（**养护**）　种在日照充足和排水良好的地方，盆栽则放在阳光充足的室外。过于干燥会造成生长情况不好，因此需要大量浇水。如果希望养出美丽的颜色，10 月以后就不要撒肥料。

叶牡丹（大阪圆叶系）

293

# 万代兰 ❖❖❖◇❖

*Vanda（V.）*

兰科／附生兰　　花语：高雅美

原产地：印度至澳大利亚
花　期：主要是秋季（每年开 2~3 次，多为不定期开放）
上市时间：几乎全年　　用　途：盆栽、鲜切花

**特点**　具有热带风情的兰花，花呈蓝紫色、圆形，长而厚的根部缠绕在木筐里出售。有的品种是由万代兰属与相关种属杂交产生的，由此也产生了多种花色。

**养护**　种在日照充足的地方，养护时冬季温度保持在 15~20℃，通过喷雾保湿。

乌舌万代兰（人工属）　　万代兰

---

# 蒲苇属 ❖◇❖

*Cortaderia*

禾本科／耐寒性多年生草本植物　　别名：白银芦　　花语：光辉

原产地：巴西南部至阿根廷
花　期：9~10 月　　上市时间：3~10 月
用　途：地栽、鲜切花、干花

**特点**　蒲苇在明治中期传入日本。雌雄异株，秋季开出羽状花穗的雌株的花穗会长到 40~80 厘米。此外，还有矮性种的矮蒲苇和斑叶品种。

**养护**　在日照充足和通风、排水良好的地方会生长得很好。开花后花穗光泽会变差，所以用作鲜切花和干花时应尽早修剪。

上／矮蒲苇
左／蒲苇

# 鬼针草属 ●○◇

菊科／半耐寒性多年生草本植物　　别名：**鬼钗草**

原产地：北美洲
花　期：6~11月　　上市时间：4月、11月
用　途：盆栽、地栽

**特点**　有在开花植物少的晚秋开出花朵像秋英一样单瓣花的鬼针草（*Bidens laevis*）。还有匍匐型、夏季开黄花的阿魏叶鬼针草。

**养护**　植株生命力强健，易于栽种。鬼针草是直立型的草本植物，开花时容易倾倒，因此应在夏季修剪，控制高度。

阿魏叶鬼针草　　　　鬼针草"琴姬"

# 火棘属 果实 ●●

蔷薇科／耐寒性常绿灌木　　别名：**火把果**　　花语：**慈悲**

原产地：欧洲南部至西亚
观赏期：9月~第二年3月（花期5~6月）
上市时间：9月~第二年1月　　用　途：地栽、墙栽、盆栽

**特点**　火棘是该属植物的总称。在5~6月开许多白色小花，从晚秋到冬季在有刺的枝条上结出像是在燃烧的红色、黄色的果实。

**养护**　放在阴凉处就不会结果，需种在日照充足和排水良好的地方。花开在一年生枝中位置较低、较短的枝条上，所以应在3月下旬修剪生长过旺的枝条。盆栽，应在每年早春进行栽种。

火棘的花

火棘

# 蝴蝶兰 ◆◆◆◇◆

*Phalaenopsis ( Phal. )*

兰科／附生兰　　别名：**蝶兰**　　花语：**清纯**

原产地：亚洲南部的热带和亚热带地区
花　期：2~3 月　　上市时间：几乎全年
用　途：盆栽、鲜切花

**特点**　作为正式场合的装饰花卉是不可缺少的，外观优雅，像一只翩翩起舞的蝴蝶。花色和植株形态多种多样，有白色、粉色、紫红色、黄色、条纹、斑点和微型品种。

**养护**　除夏季以外，应放在暖和的室内，阳光可以透过蕾丝窗帘照射进来。冬季，温度需保持在15℃以上。

蝴蝶兰的组合栽培

蝴蝶兰（斑点品种）

# 福寿草 ◆◆◇◆◆

*Adonis*

毛茛科／耐寒性多年生草本植物　　别名：**元日草、辽吉侧金盏花**　　花语：**永远的幸福**

原产地：西伯利亚东部、中国、朝鲜半岛、日本
花　期：2~4 月　　上市时间：12 月
用　途：盆栽、地栽

**特点**　作为喜庆的花卉出售，以其灿烂的金色花朵迎接新的一年。有用于装饰新年的大朵黄花、红花、花色变化等品种，从江户时代就开始在日本栽培。

**养护**　光线不足则不开花，因此应放在日照充足的地方。不耐高温，夏季应移至树荫处。

福寿草"福寿海"（黄花品种）

福寿草"红抚子"（红花品种）

# 白头婆 ❁❁

菊科／耐寒性多年生草本植物　　花语：**那一天的回忆**

*Eupatorium*

原产地：中国、朝鲜半岛、日本（关东地区以西）
花　期：8～10月　　上市时间：7～11月
用　途：地栽、盆栽、鲜切花

**特点**　作为日本的秋七草之一，从万叶时代开始就被作为观赏花卉。高约1米，开出许多浅紫色和深紫色的花朵。随风摇曳，看起来十分有风情。近几年，由于开发使得野生品种几乎绝迹，栽培的数量很多，也有鲜切花和盆栽。茎和叶片干燥后会散发香气，又名香泽兰。

**养护**　植株生命力强健，易于栽培。地栽、盆栽都需要选择日照充足的地方。夏季可在植株根部附近修剪，以保持植株的美观，而且开花高度低。可以通过分株繁殖。

白头婆

# 寒丁子属 ❁❁◇

茜草科／半耐寒性常绿灌木、多年生草本植物　　别名：**蟹眼、寒丁子**

*Bouvardia*

原产地：墨西哥至中南美洲的热带高山
花　期：9～11月　　上市时间：5～7月、9月
用　途：盆栽、鲜切花

**特点**　细长筒形的小花顶端分成4瓣，枝条顶端结成许多花簇，小花次第开放。花朵有甜美的香气。

**养护**　喜好日照，春季和秋季放在室外阳光充足的地方，夏季移至半阴处。冬季放在室内明亮的窗边，温度保持在5℃以上。不耐干燥，注意不要忘记浇水，花期结束后修剪。

上／寒丁子（红花品种）
左／寒丁子（粉花品种）

# 蓝金花 🌸

*Otacanthus*

玄参科／半耐寒性多年生草本植物　　别名：**蓝鲸花**

原产地：巴西南部
花　期：10~12 月　　上市时间：几乎全年
用　途：盆栽、地栽

**特点**　英文名意为"蓝猫眼"，来源于其花瓣中心发白，看起来像猫的眼睛。正式的名称是"蓝金花"。以 1990 年在日本大阪召开的世界园艺博览会为契机变得流行起来。从夏末到秋季都可以开花，如果气候温和，几乎一年四季都会开深蓝色的花朵。

**养护**　耐热，喜好日照充足和排水良好的地方。霜冻会伤到叶片，如能避免受冻则可以地栽。冬季将盆栽放在温暖的室内窗边，温度保持在 10℃ 以上就可以持续开花。不喜湿润，待盆土表面干燥后浇水。

蓝金花

# 号筒花 ● ● ◇ ◆

*Amaryllis*

石蒜科／半耐寒性夏种球根　　别名：**孤挺花**　　花语：**直面我的真心**

原产地：南非
花　期：9 月　　上市时间：7 月
用　途：盆栽、地栽、鲜切花

**特点**　粗壮花茎的顶端开出直径为 8~12 厘米、香气浓郁的花朵，花朵与百合相似，有 6~12 朵，向四周开放。花期结束后长出叶片，从冬季到春季会长得很茂密。花朵开放时没有叶片，因此英文名的意思是"裸女"。花色有粉色、白色、深红色、花边等多种，花期长，作为鲜切花也很受欢迎。

**养护**　植株生命力强健，易于栽培。冬季应将盆栽放在室内明亮的窗边，避免受冻。叶片枯萎后，保持整体盆栽干燥，到了 9 月会长出新芽，再开始少量浇水。

号筒花

# 八宝 ◆◇

*Hylotelephium*

景天科／耐寒性多肉植物　　别名：**八宝景天**　　花语：**平稳无事**

原产地：欧洲、中国东北、朝鲜半岛
花　期：7~10月　　上市时间：1~9月
用　途：盆栽、地栽、鲜切花

**特点**　红紫色小花一簇一簇地开放，随着天气变凉，花色也越来越深。近年来，与八宝相比，花簇更大的大八宝和白八宝的园艺品种也被称为"八宝"并流通。

**养护**　在阴凉处则不易生长。放在日照充足的室外，夏季高温时控制浇水量，保持一定程度的干燥。

大八宝

白八宝"秋意"

---

# 一品红 ◆◆◆◇◇

*Euphorbia*

大戟科／非耐寒性常绿阔叶灌木　　别名：**猩猩木、圣诞花**　　花语：**祝福**

原产地：墨西哥高原
观赏期：10月 ~ 第二年3月　　上市时间：10~12月
用　途：盆栽、鲜切花

**特点**　深绿色叶片和带有红色的苞片十分美丽，常被用作节日的装饰，十分受欢迎。花是中央的小块黄色部分，随着白昼的变短，花周围的苞片也会变色。

**养护**　放在日照充足的窗边，温度保持在10℃以上。盆土表面干燥后大量浇水。

上／一品红
左／一品红"孤铃"

# 油点草属 ❀❀❀♢❀

*Tricyrtis*

百合科／半耐寒或耐寒性多年生草本植物　　别名：**油迹草**　　花语：**永远属于你**

硬毛油点草

台湾油点草

原产地：东亚
花　期：9~10 月　　上市时间：4~10 月
用　途：盆栽、地栽、鲜切花

　有花朝上开放的硬毛油点草和花呈吊钟状
的上膜油点草，都是代表秋季的野趣盎然的植物。
其花瓣上的紫色斑点和杜鹃鸟胸毛的花纹相似，
因此在日本也被称为"杜鹃草"。还有台湾油点
草的杂交品种、花瓣翘起的相近油点草，纪伊上
膜油点草等盆栽上市。

**养护**　在半阴处、湿度适当的地方野生生长，不
管是花坛和盆栽，都需要避开夏季的阳光直射。
干燥后，下叶枯萎，夏季需要大量浇水，叶片内
侧也要浇水，预防红蜘蛛虫害。在 5~6 月，需要
摘心 1~2 次，以控制植株高度。

右上／纪伊上膜油点草
右／相近油点草

# 地风信子

*Polyxena*

天门冬科／半耐寒性夏种球根植物　别名：粉铃花

原产地：南非
花　期：11~12 月　上市时间：7~9 月
用　途：盆栽

特点　在种植球茎后 2 周左右就会开出可爱的粉色或白色的星形花，分为花色较深的开粉红花的伞花地风信子和有香气的剑叶粉铃花。属名是以希腊英雄阿喀琉斯的心上人的名字命名的。

养护　不耐严寒，应把盆栽放在日照充足的地方进行管理。冬季的白天应放在日照充足的室外，夜晚放在室内。叶片枯萎则终止浇水，连盆晾干。

伞花地风信子

# 圆扇八宝

*Sedum*

景天科／耐寒性常绿多年生草本植物　别名：圆扇景天　花语：安心、憧憬

原产地：中国、日本
花　期：9~10 月　上市时间：7~9 月
用　途：盆栽、岩石花园

特点　肉质的粉白色圆叶环绕着 3 根茎，在垂下的茎端开出许多红紫色的小花，呈球状。圆扇八宝（*Sedum cauticolum*）的花色深，植株紧凑。

养护　放在日照充足的地方。盆土表面干燥后，大量浇水，避免浇到花朵上。

上／圆扇八宝（*Sedum cauticolum*）
左／圆扇八宝

# 鱼花茑萝 ♣

*Ipomoea lobata ( = Mina lobata )*

旋花科／非耐寒性春种一年生草本植物　　别名：**金鱼花**

原产地：墨西哥至南美洲北部
花　期：6~10 月　　上市时间：6~8 月
用　途：地栽、盆栽

**特点**　植株高 2~5 米，有藤蔓性的像牵牛花一样的叶子，从初夏到秋季开出许多由红色向橙色、黄色变化的花，花穗长。有苗木的盆栽上市。

**养护**　应种在日照充足和排水良好的地方。不耐严寒，若冬季温度保持在 15℃以上，盆栽则可以全年开花。

左、右／鱼花茑萝

# 肖鸢尾属 ♣ ♡ ♣

*Moraea*

鸢尾科／半耐寒性秋种球根植物　　别名：**摩利兰、蝴蝶鸢尾**

原产地：南非
花　期：9 月~第二年 2 月　　上市时间：9~10 月
用　途：盆栽

**特点**　高 20~100 厘米不等。多穗肖鸢尾的茎分枝多，和鸢尾相似的紫色花在枝头次第开放，从秋季开到冬季。此外还有在早春开白色花瓣上有蓝色斑点的花朵的孔雀肖鸢尾，以及蓝紫色花瓣上有蓝色斑点的品种等。英文名意为"蝴蝶鸢尾"。

**养护**　不耐寒，所以盆栽应放在日照充足和通风良好的地方，降霜前放入室内。初夏，在叶片枯萎后挖出球根，储存在凉爽干燥的地方。

多穗肖鸢尾

# 柳叶向日葵

菊科／半耐寒性多年生草本植物　　　花语：**崇拜**

原产地：北美洲
花　期：9~10月　　上市时间：3~4月、10~11月
用　途：盆栽、地栽、鲜切花

**特点**　它是向日葵的近亲，高 1~2 米。直立生长的茎上没有毛，叶片如柳叶般细长，生长茂盛，分枝多的枝条顶端开出许多直径为 5 厘米的柠檬黄花朵。"金色金字塔"是高约 1 米的矮性种，茎的顶端开出许多花。在秋日的晴空下，黄花看起来十分美丽。

**养护**　放在日照充足的地方，盆土表面干燥后大量浇水。植株长到约 15 厘米高时进行摘心，控制株高，开花量还会增加。

柳叶向日葵"金色金字塔"

# 友禅菊

*Aster*

菊科／耐寒性多年生草本植物　　　别名：荷兰菊、Newyork aster　　　花语：**再见了我的爱**

原产地：北美洲
花　期：8~10月　　上市时间：8~10月
用　途：盆栽、地栽、鲜切花

**特点**　高 20~200 厘米，直径为 2~3 厘米的小花开满枝头。植株生命力强健，花色丰富，有红色、白色、粉色、蓝色、紫色等。

**养护**　放在日照充足和通风良好的地方，盆土表面变白、干燥后大量浇水。花期结束后，从地表剪除花茎。植株生命力旺盛，1 年要分株 1 次。

友禅菊盆栽

友禅菊

# 黄金菊 ◆

菊科／半耐寒性常绿灌木

*Euryops*

原产地：南非
花　期：11 月～第二年 5 月　　上市时间：全年
用　途：盆栽、地栽、鲜切花

**特点** 有叶脉清晰的银绿色叶片，和与玛格丽特相似的鲜黄色花朵的对比十分鲜明，在开花稀少的冬季也能持续开花的盆栽。黄金雏菊的枝条上长出细小的叶片，向斜上方生长。

**养护** 不耐严寒，冬季应放在日照良好的阳台或室内。开花后修剪枝条。

黄金雏菊"金饼干"

黄金菊

---

# 薄叶兰属 ◆◆◆◇◆

兰科／附生兰、地生兰

*Lycaste（Lyc.）*

原产地：墨西哥至玻利维亚
花　期：秋季至春季⊖　　上市时间：冬季至春季
用　途：盆栽、鲜切花

**特点** 大萼片向 3 个方向生长，开出美丽的花朵。通常会落叶，叶片又薄又大，当球茎长好时，叶片就会枯萎。与近亲品种（古安兰属）杂交而来的郁金香兰，花与薄叶兰相似，但其花形更粗壮华丽。

**养护** 可以忍受相对较低的温度。可以放在明亮的窗边，温度保持在 10℃ 以上。夏季需要放在凉爽的地方，避开阳光直射。

郁金香兰（人工属）

薄叶兰"蓝锥岛"

⊖ 品种不同，花期也有所不同。

# 石蒜属 ◆◆◆♡◆

石蒜科／耐寒性夏种球根植物　　花语：悲伤的回忆

忽地笑

石蒜

原产地：中国、日本
花　期：7~10 月⊖
上市时间：4 月、8~10 月
用　途：地栽、盆栽、鲜切花

**特点** ／ 有作为石蒜的同属成员，开鲜黄色花朵的忽地笑，花瓣呈粉色且尖端常带蓝色的换锦花，开浅粉色花的大型鹿葱等原产品种，还有以原产品种为基础改良的花色丰富的多个品种。因其开花时没有叶片，被称为"魔法百合"。

乳白石蒜

**养护** ／ 喜好阴凉，可种植在避开西晒的落叶树下。开花后长出的叶片需要进行光合作用，不要剪除。休眠期也要偶尔浇水。秋季长出叶片的石蒜和忽地笑不耐严寒，在寒冷地区应种在花盆里，冬季需要做好防寒措施。

换锦花

⊖　品种不同，花期也有所不同。

# 龙胆 ◆ ◇ ◆

龙胆科／耐寒性多年生草本植物　　别名：**龙胆草**　　花语：**贞洁、诚实、寂寞的爱情**

新雾岛龙胆

虾夷三花龙胆

原产地：除非洲部分地区以外的世界各地
花　　期：4~11月⊖
上市时间：2~4月、8~11月
用　　途：盆栽、地栽、鲜切花

**特点**　在草原等地野生的龙胆，开出蓝紫色的筒形花朵，宣告深秋季节的到来。花朵接受阳光的照射，在雨天和阴天闭合。作为鲜切花，有高性种虾夷三花龙胆，作为盆栽的矮性种新雾岛龙胆也多有栽培。除此之外，还有春季开花的无茎龙胆"阿尔卑斯蓝"等。

**养护**　如果光线不足则很难开花，因此应尽量放在通风良好和日照充足的室外，夏季放在避开西晒的凉爽半阴处。盆土表面干燥后大量浇水。

无茎龙胆"阿尔卑斯蓝"

⊖　品种不同，花期也有所不同。

# 滇丁香属 ◆

*Luculia*

茜草科／非耐寒性常绿灌木　　　别名：藏丁香、丁香

原产地：喜马拉雅山区至云南、广西
花　期：10~11 月　　上市时间：8~12 月
用　途：盆栽、鲜切花

（**特点**）　樱色的花朵会散发花香。直径为 3~4 厘米，狭长的 5 瓣管状花在枝条末端簇拥绽放，可以观赏约 1 个月的时间。生长迅速，如果不打理，植株就会变得不好看。

（**养护**）　不耐寒，冬季应放在日照充足的窗边，控制浇水量。从春季开始到开花期，一旦干燥叶片会变黄凋落，因此需要每天浇水。春季修剪后应放在避开西晒的阴凉处，夏季放在避雨、通风良好的半阴处。

滇丁香

---

# 羽叶茑萝 ◆◆◇

*Ipomoea ( = Quamoclit )*

旋花科／非耐寒性藤本植物、春种一年生草本植物　　花语：**管闲事、忙碌**

原产地：美洲热带地区
花　期：6~10 月　　上市时间：6~7 月
用　途：盆栽、地栽、遮阳

（**特点**）　羽叶茑萝的叶子深裂，裂片呈线状，漂亮的星形花从夏季开到深秋。除此之外，还有长心形叶的橙红茑萝和槭叶茑萝，可绕着栅栏生长，作为遮阳植物和地被植物等利用。

（**养护**）　放在通风良好和日照充足的地方。生命力旺盛，夏季需要每天浇水，摘除花柄。

上／橙红茑萝
左／羽叶茑萝

# 狮耳花属

*Leonotis*

唇形科／半耐寒性多年生草本植物　　别名：狮子耳、狮子尾

原产地：南非
花　期：10~11 月　　上市时间：10 月~第二年 1 月
用　途：盆栽、地栽

**特点**　晚秋时开出白色、橙色的花朵。在商店里摆放的盆栽是经过摘心、高度较低的品种。在温暖地区的花坛培育，可长到 2 米。属名在希腊语中的意思来源于"狮子"和"耳"，因花冠看起来像狮子的耳朵而得名。英文名也意为"狮耳花"。

**养护**　不耐寒，应放在避霜和避开冷风且日照充足的南侧阳台或走廊，盆土表面干燥后浇水。开花后从离根部约 10 厘米处修剪。

狮耳花

# 地榆

*Sanguisorba*

蔷薇科／耐寒性多年生草本植物　　花语：变化

原产地：欧洲、西伯利亚、中国、朝鲜半岛、日本
花　期：7~10 月　　上市时间：7~8 月
用　途：盆栽、地栽、鲜切花

**特点**　地榆是在山区随处可见的秋草，在细长的分枝上结出红紫色的花穗。花穗上有许多没有花瓣的小花，自上而下依次开放。作为鲜切花的品种主要是细叶地榆，高约 20 厘米的小型地榆作为盆栽或组合种植出售。此外还有斑叶品种。

**养护**　放在日照充足的地方，盛夏移至半阴处。待盆土表面干燥后大量浇水。夏季修剪后，植株开花位置变低。开花后修剪掉一半。

地榆

# 全年 的花

## ALL SEASONS

# 莲花掌属 叶 ●●◆

全年

*Aeonium*

景天科／多肉植物　　别名：**荷花掌**

原产地：**北非等**
观赏期：**全年**　上市时间：**全年**
用　途：**盆栽**

**特点**　长出许多红色、黑色、黄色等颜色的美丽叶片，呈莲座状。植株长成后，上部的茎生长，下部的叶片会凋落。

品种很多，有黑紫色叶片如伞状展开的"黑法师"，以及有着美丽叶片的"艳阳伞"。

**养护**　不放在日照充足的地方叶色会不好看。夏季应放在半阴处，控制浇水量。

莲花掌"黑法师"　　　莲花掌"艳阳伞"

# 山姜属 ●●◇ 叶 ●◗

*Alpinia*

姜科／非耐寒或半耐寒性常绿多年生草本植物　　别名：**姜百合**

原产地：**亚洲热带地区、所罗门群岛、波利尼西亚**
观赏期：**全年（花期为 6~7 月）**
上市时间：**4~6 月**
用　途：**盆栽、叶材**

**特点**　叶片有白色斑纹的花叶良姜和叶片有黄色斑纹的花叶艳山姜一般作为盆栽和叶材流通。还有根茎散发香气和花朵美丽的品种。日本也有野生的品种，即叶片大、散发芳香的艳山姜，其叶片可以包食物。

**养护**　避开阳光直射，放在半阴处。斑叶艳山姜不耐寒，冬季应放入室内，温度保持在15℃以上。

花叶良姜（花叶月桃）　　花叶艳山姜（花叶姜）

# 六出花 ●●●● ○○

*Alstroemeria*

全年

六出花科／半耐寒或耐寒性多年生草本植物　　　别名：水仙百合

水仙百合"华尔瑟·弗莱明"

水仙百合"琳达"

水仙百合"红干鸟"

原产地：南美洲
花　期：5~6月　　上市时间：1~6月／鲜切花为全年
用　途：鲜切花、盆栽、地栽

**特点**　花色多彩，花瓣上有条纹的个性品种很多，没有条纹的波点类型也很受欢迎。从南美洲的智利到秘鲁都有野生种，也被称为秘鲁百合。花期长，作为鲜切花很受欢迎。最近也有用于盆栽的品种。

**养护**　耐热、耐寒的品种很多。冬季需要避霜，放在日照充足的阳台或室内的窗边，不喜过度湿润，盆土表面干燥后再浇水。花期结束后进入休眠，此时应停止浇水，将花放在避雨的凉爽阴凉处越夏。

鹦鹉六出花

311

# 芦荟属  叶

*Aloe*

全年

百合科／非耐寒或半耐寒性多肉植物　　别名：**芦荟**　　花语：**迷信、邪教**

原产地：非洲热带地区至南非
观赏期：全年（花期是秋季至冬季）　　上市时间：全年
用　途：盆栽

**特点**　一般说到芦荟，指的是木立芦荟，民间将其作为治疗烧伤或健胃等的药品使用。晚秋开的橙色花朵也很受欢迎。叶片有灰白色斑纹的"千代田锦"和珊瑚芦荟等以观赏盆栽的形式上市。

**养护**　放在日照充足、避雨的地方。盆土表面干燥后浇水。冬季需要避霜。

木立芦荟（木剑芦荟）

芦荟"千代田锦"

---

# 花烛属

*Anthurium*

天南星科／非耐寒性多年草本植物、藤本植物　　别名：**红烛、红鹅掌**　　花语：**激情**

原产地：美洲热带地区
花　期：全年　　上市时间：全年
用　途：鲜切花、盆栽

**特点**　以有红色、粉色、绿色等美丽颜色的佛焰苞而出名的花烛为代表，来自夏威夷的鲜切花也十分有名。还有观赏叶片的盆栽上市。

**养护**　放在避开阳光直射的明亮室内，冬季需保持温度在13℃以上。佛焰苞的颜色褪去后从花茎开始剪除。

花烛"鬼魂"

花烛"伊丽莎白"

# 缕丝花 ◆◆◇

石竹科／耐寒性一年生草本植物　　别名：满天星、丝石竹　　花语：清心

圆锥石头花（宿根霞草）

细小石头花"花园灯"

原产地：欧洲、亚洲
花　期：5~8 月
上市时间：10 月～第二年 5 月、全年／鲜切花为全年
用　途：鲜切花、盆栽、地栽

（特点）　小花覆盖整个植株，如同飘浮的彩霞般，英文名为"婴儿的呼吸（Baby breathe）"。作为鲜切花的宿根霞草和单瓣的缕丝花有白色、粉色、深红色的花，是常用的插花材料，用于填充花材的空隙，很受欢迎。有适合盆栽的矮性种的细小石头花和匍生丝石竹，还有如同地毯般生长的野生品种卷耳状石头花。

卷耳状石头花（卷耳状丝石竹）

（养护）　放在日照充足和通风良好的地方，开花后控制浇水量，保持一定程度的干燥。宿根霞草在花期结束后应尽早修剪，促使再次开花。

缕丝花（霞草）　　　匍生丝石竹

313

# 彩色海芋 ●●●●○●●

*Zantedeschia*

天南星科／半耐寒性春种球根植物　　别名：彩色马蹄莲　　花语：极致的美

马蹄莲

黄花马蹄莲

原产地：南非

花　期：4~7月　　上市时间：1~6月、9~12月／鲜切花为全年

用　途：鲜切花、盆栽、地栽

**特点**　英文名是"Calla lily"。白色、黄色、橙色等佛焰苞中有棒状的花朵。被称为"水芋"的马蹄莲喜好水边，是湿地型海芋；还有花色丰富，喜好干燥土地的旱地型海芋，都有鲜切花和盆栽上市。

**养护**　放在喜好日照的明亮地方。要避免马蹄莲水分不足，旱地型品种在夏季要避免西晒，放在通风良好的地方，避免过湿。

海芋"黑色和美人"

海芋"玫瑰果酱"

# 燕子掌 叶 ●◗

景天科／半耐寒性绿灌木　　别名：花月、玉树

原产地：南非
观赏期：全年（花期为冬季至春季）　上市时间：几乎全年
用　途：盆栽

**特点**　分枝多的粗壮茎上长出有光泽的肉质叶片。随着天气变冷，叶片会变红。植株长到 40~50 厘米时在茎顶端开出许多浅粉色的星形花。最近还有小型也能开花的品种和叶片边缘变成深红色的品种上市，种类丰富。

**养护**　放在日照充足的地方。冬季放在避开寒风和霜冻的地方。控制浇水量，保持一定程度的干燥。

燕子掌的花　　　　黄金花月

# 泽米铁属 叶 ●

*Zamia*

泽米铁科／非耐寒性常绿灌木　　别名：宽叶泽米铁

原产地：美国（佛罗里达州）、墨西哥、西印度群岛
观赏期：全年　上市时间：全年
用　途：盆栽、叶材

**特点**　蓝绿色的羽毛状叶片的肉质坚硬，表面覆盖着褐色的粉状物质。矮泽米可长到 60~120 厘米的高度，可作为盆栽和叶材。

**养护**　喜好强光，应放在日照充足的地方。不喜过度湿润，在盆土表面干燥后浇水。10 月下旬开始控制浇水，保持一定程度的干燥以顺利越冬。在室内的盆栽则需要全年保持一定程度的干燥。

上／矮泽米的盆栽
右／矮泽米

# 仙人掌类 叶 ◗

仙人掌科／半耐寒性多肉植物　　花语：温暖的心、虚幻之梦（仙人球）

迷你仙人掌类

仙人掌"绯牡丹"（左）和仙人掌"粉牡丹"

仙人掌"月宫殿"

原产地：南美洲、北美洲
观赏期：全年　　上市时间：全年
用　途：盆栽

**特点** 为了应对长时间的干旱，仙人掌的茎部会扩大，以储存水分。仙人掌的许多尖刺据说是由叶片和枝条演变而来的。市场上有很多美丽的开花仙人掌和迷你仙人掌，它们以其生命力强健和可爱、有趣的造型，作为独特的室内盆栽受到欢迎。

**养护** 喜好日照，应放在东侧或南侧的日照充足的走廊等。在其生长期的春季到秋季，每周浇水 1~2 次。冬季应放在日照充足的窗边，每 20 天以清洗灰尘的程度浇水 1 次。

仙人掌"金青阁"

# 提灯花属

秋水仙科／半耐寒性春种球根植物　　别名：**提灯花**　　花语：**共感**

原产地：南非
花　期：6~7 月
上市时间：4~7 月、9~11 月／鲜切花为全年
用　途：鲜切花、盆栽、地栽

**特点**　高 60~80 厘米。从茎上部的叶片根部长出花柄，橙色的钟形花朵下垂开放。1 朵花可持续开放 1 周，自下而上依次开放，可观赏约 1 个月。英文名意为"圣诞钟"，别名圣钟花。

**养护**　放在日照充足的地方，避免雨淋。夏季应放在通风良好的半阴处。不喜过度湿润，在盆土表面干燥后浇水，花期结束后控制浇水。叶片枯萎后不浇水，使整个盆栽保持干燥。球根生长后，摘除花柄。

宫灯百合

---

# 鹤望兰属

鹤望兰科／半耐寒性多年生草本植物　　别名：**极乐鸟花**　　花语：**花花公子**

原产地：南非
花　期：全年　　上市时间：全年
用　途：盆栽、鲜切花

**特点**　高 1~2 米。在硬且长的花茎顶端结出船形花苞，橙色花朵如同张开羽衣的鸟，6~8 朵依次开放。主要栽培的是小型的鹤望兰，以鲜切花和盆栽流通。英文名的意思是"极乐鸟"。

**养护**　放在日照充足的地方。夏季为避免叶片灼伤应移至半阴处。冬季应放在明亮的室内，温度保持在 5℃ 以上，控制浇水量。花期结束后从花茎根部开始修剪。

鹤望兰

# 补血草属 ◆ ◆ ○ ◆

*Limonium*

白花丹科／非耐寒或耐寒性春、秋种一年生草本植物、多年生草本植物　　　别名：**星辰花**　　花语：**惊讶**

不凋花

补血草"大美人"

土耳其长筒补血草

原产地：主要分布在欧洲、地中海沿岸地区
花　期：4~9 月　　上市时间：2~4 月／鲜切花为全年
用　途：鲜切花、盆栽、地栽、干花

**（特点）**　一般被称为"补血草"的是花茎粗，在紫色、黄色、粉色的花萼内侧开出白色、黄色的花朵的一年生草本植物不凋花，也有矮性种的盆栽上市。细长的茎分枝多，开出许多小花，花期长的宿根补血草也很受欢迎。即使是真的花朵也有一种干燥的质感，干燥后颜色也不会改变，经常作为干花被利用。

**（养护）**　淋雨则影响花朵开放，植物也容易得病，因此应放在日照充足的走廊或阳台，盆土表面干燥后浇水。冬季应放在避霜的地方，控制浇水量。

# 白鹤芋属 ◇

天南星科／非耐寒性多年生草本植物　　别名：**苞叶芋**　　花语：**令人耳目一新**

原产地：美洲热带地区
花　期：4~5月、9~11月　　上市时间：全年／鲜切花为全年
用　途：鲜切花、盆栽

**特点**　植株高约 70 厘米。从深绿色的长椭圆形叶片间长出长长的花茎，顶端长出纯白色的佛焰苞，花一朵接一朵开放。有的作为鲜切花流通，作为观叶植物也很受欢迎。在日本培育的"梅里"品种因其花朵数量多，是最流行的品种。此外，还有盆栽和水培的高约30 厘米的小型品种。

**养护**　如果放在昏暗的地方，叶片长势良好但开花情况不好，因此应放在明亮的室内或室外的半阴处。白色的花苞变绿代表花期结束，可从根部修剪。

白鹤芋"梅里"

# 非洲堇属

苦苣苔科／非耐寒性常绿多年生草本植物　　别名：**非洲紫罗兰**　　花语：**小小的爱**

原产地：坦桑尼亚北部至肯尼亚南部
花　期：根据环境，可全年开花　　上市时间：全年
用　途：盆栽、垂吊盆栽、玻璃盆栽

**特点**　开出与堇花相似的惹人怜爱的花朵，室内环境条件好则可一年四季开花。有迷你非洲堇（匍匐型）、斑花等品种，花色、花形、叶片叶状各不相同。据说现在有 2 万种以上，可以很方便地找到符合自己喜好的植株。

**养护**　放在避开阳光直射的明亮窗边，让阳光透过蕾丝窗帘，每天要接受 12 小时以上的日照。夏季放在不湿热的凉爽地方，盆土表面干燥后大量浇水。冬季应控制浇水量，温度保持在 10℃ 以上。健康的叶片可用于扦插。

各种非洲堇

# 景天属 叶 ●◑

*Sedum*

景天科／耐寒性多年生草本植物　　别名：**万年草、佛甲草**

黄金圆叶景天

玉珠帘

原产地：除澳大利亚以外的世界各地
观赏期：全年（花期是春季、夏季）　　上市时间：全年
用　途：盆栽、地栽、岩石花园、地被植物

**特点**　生命力强健的多肉植物，耐干燥。黄绿色的茎叶密集生长，覆盖地面的是原产于日本的佛甲草、圆叶景天、日本景天，还有外国的松叶景天、垂盆草等，作为地被植物被利用。春季的新叶十分美丽的长有黄色叶的黄金圆叶景天，叶片边缘变白的银边佛甲草等很受欢迎。主要流通的盆栽是"少女心"和"虹之玉"。

**养护**　喜好排水良好的阴凉处，植株生命力旺盛，在半阴处也可以生长。盆栽应放在日照充足的地方，只在极端干燥的时候浇水。

左上／景天"虹之玉"
左／斑纹景天

# 银叶菊 叶 ●

菊科／耐寒性多年生草本植物　　别名：**白妙菊、白艾**

原产地：地中海沿岸
观赏期：全年　　上市时间：几乎全年
用　途：盆栽、地栽、叶材

**特点**　茎叶被白色细毛覆盖的银叶菊多用于在花坛种植或组合栽培，也作为花束的配色花材使用。有叶片大的"钻石"和"银粉"等品种。细叶的"银色蕾丝"品种不耐热，适合在寒冷地区种植。

**养护**　放在日照好的地方。盆土表面干燥后大量浇水，避免浇到叶片上。

银叶菊和花朵（左上）

银叶菊"银色蕾丝"

# 铁兰属 叶 ●

*Tillandsia*

凤梨科／非耐寒性多年生草本植物　　别名：**铁兰**

原产地：南美洲、北美洲
观赏期：全年　　上市时间：全年
用　途：盆栽

**特点**　属于铁兰属，被称为空气凤梨的品种不需要土壤也可种植。在梯子、浮木或石头上嵌入绿植，是一种绿色装饰，在一年四季都可以观赏。紫花凤梨从平整的粉紫色苞片中开出一朵朵美丽的蓝紫色花。

**养护**　空气凤梨需每周对整体喷雾 1~2 次。

空气凤梨的组合栽培

紫花凤梨

# 洋桔梗 ◆◆◇◆◇

*Eustoma*

龙胆科／非耐寒性秋、春种一二年生草本植物　　别名：**土耳其桔梗、龙胆花**

原产地：美国（科罗拉多州、得克萨斯州）至墨西哥、西印度群岛
花　期：8~9 月　　上市时间：3~10 月／鲜切花为全年
用　途：鲜切花、盆栽

**特点**　花朵奇特，其花蕾形似头巾，又称"土耳其洋桔梗"。重瓣品种和黄花品种、在花瓣顶端有紫色花纹的品种等都很受欢迎。

**养护**　初夏购入的开花植株，应在开花后修剪掉 1/3。放在凉爽的地方越夏，秋季会再次开花。

洋桔梗（花纹品种）　　洋桔梗（紫色品种）

# 麻兰属 叶 ●●◆

*Phormium*

百合科／半耐寒性多年草本植物　　别名：**麻兰**

原产地：新西兰
观赏期：全年　　上市时间：3、5、9、11、12 月
用　途：叶材、盆栽、地栽

**特点**　园艺品种很多，如革质的剑形叶上有黄色、紫色或乳白色的竖条及叶片为深紫色的品种等。主要用作叶材，也有小型品种的盆栽上市。它在夏季开花，但很少有人观赏。

**养护**　放在日照充足的地方，夏季要经常浇水，冬季要避免冷风。叶片枯萎后从根部剪除。

斑叶麻兰

麻兰"粉红豹"

# 佛塔树属 ◆◆◆

山龙眼科／常绿灌木或乔木　　花语：**穿上心灵的铠甲**

原产地：澳大利亚西部、巴布亚新几内亚

花　期：不定期（春季为主）

上市时间：10、12 月／鲜切花为全年

用　途：鲜切花、干花、盆栽

**特点**　圆柱形或球形的花或小穗附着在枝条的末端，开花时花蕊如同用于洗瓶子的刷子。叶片是深绿色的，边缘有缝隙，下面有白色或红褐色的毛。进口鲜切花很受欢迎，最近还有可耐寒的盆栽流通。

**养护**　放在室内的明亮窗边。不喜过度湿润，因此要控制浇水量。在温暖地区，如果做好避霜措施，也可以在室外越冬。

红佛塔树

虎克佛塔树

# 草原烽火针垫花 ◆◆◆

*Leucospermum*

山龙眼科／非耐寒性常绿灌木　　别名：**银宝树**　　花语：**无论何地都会成功**

原产地：南非东南部沿岸

花　期：5~6 月　　上市时间：2~6 月、全年／鲜切花为全年

用　途：鲜切花、干花、盆栽

**特点**　属名在希腊语里的意思是"白子木"，花朵如针刺般，英文名的意思是"草原烽火针垫花"。每根针都是一朵独立的花，花柱的长度为 5~6 厘米。

**养护**　放在日照充足的室外。梅雨季节应放在走廊或阳台等地避雨。冬季应放在室内，温度保持在 10℃以上。

针垫花"欢乐红丝带"　　针垫花

# 蔷薇属 ◆◆◆◇◆◆

*Rosa*

蔷薇科／落叶灌木　　别名：**月季、蔷薇**　　花语：**爱、美**

月季"柯内西亚"（丰花月季）

月季"黑茶"（杂交茶香月季）

原产地：**北半球各地**
花　期：**5~6月、9~10月**　　上市时间：**全年**
用　途：**鲜切花、盆栽、地栽**

**特点**　花朵美丽，花色丰富、花香迷人，从古希腊时代开始栽培，并培育出了许多品种。有四季开花且开大花的杂交茶香月季，四季开花且一茎多花的丰花月季，株高约 40 厘米、开小花的微型月季，攀缘生长的藤本月季，以及在现代杂交品种出现之前就有的古老月季、日本和中国的原产品种、目前很流行的英国玫瑰等品种，以苗木、盆栽、鲜切花等形式大量上市。

**养护**　地栽和盆栽都需要选择日照充足和通风良好的地方。将微型月季放在室内观赏时，需要把它放在日照充足的南侧窗边。花期结束后应尽早修剪。

蔷薇"Starina"（微型月季）

月季"竞技场"（藤本月季）

英国玫瑰"夏莉法阿斯玛"

古老月季"哈迪夫人"

金樱子（日本原产品种）

木香花
（中国原产品种）

# 羊茅属 叶 ◗

*Festuca*

禾本科／耐寒性多年生草本植物、秋种一年生草本植物　　别名：牛毛草

原产地：北非、欧洲、日本、中国等
观赏期：全年（春季至夏季开花）　上市时间：4、11 月
用　途：地栽、岩石花园

**特点**　一般高 20~40 厘米，有许多灰青色的硬叶，呈半球状生长，比叶片长得更高的茎顶端开出白绿色的穗状小花。一般用于打造岩石花园、装饰花坛周边，因其常绿，经常在冬季使用。由于针叶在幼苗期呈银白色，也被称为"银针草"。

**养护**　即使是湿润的种子也能生长，是生命力旺盛的强健植物。不耐湿热，种在阴凉处容易死亡，因此需要种在日照充足和通风良好的地方。不喜过度湿润，应控制浇水量。

羊茅

# 长萼兰属 ♦ ♦

*Brassia（Brs.）*

兰科／附生兰　　别名：蜘蛛兰

原产地：中美洲和南美洲的热带地区
花　期：全年 ⊖　上市时间：主要为冬季至夏季
用　途：盆栽、鲜切花

**特点**　它是文心兰的近亲，因花会使人联想到蜘蛛，因此被称为蜘蛛兰。在呈弓状生长的花茎上，排列着两排花朵，花瓣和萼片细长。花色是黄色或黄绿色的，靠近根部的地方长出褐色斑点的品种较多，也有向下生长的侧萼片长达 30 厘米以上的品种和散发香气的品种。

**养护**　放在避开阳光直射的明亮地方。在春季到秋季的生长期，盆土表面干燥时要大量浇水。冬季应放在阳光能透过玻璃照到的地方，温度保持在 12℃以上。

尾状长萼兰

　⊖　品种不同，花期也有所不同。

# 海神花属 ◆◆◇◆

山龙眼科／半耐寒性常绿灌木　　花语：丰富的心、华丽的期待

原产地：南非、非洲热带地区
花　期：5~6月
上市时间：6~7月、10月～第二年2月／鲜切花为全年
用　途：鲜切花、干花、盆栽

**特点**　像花瓣的都是苞片，让花朵变得更为华丽，颜色有红色、粉色等，内侧开有许多小花。作为进口鲜切花十分受欢迎，最近也有帝王花的幼苗和盆栽流通。

**养护**　放在日照充足和通风良好的地方。盆土表面干燥后，过1天再浇水。花期结束后剪去花朵。

夹竹桃叶海神花　　帝王花

---

# 蝎尾蕉属 ◆◆◆◇

*Heliconia*

芭蕉科／非耐寒性多年草本植物　　花语：引人注目

原产地：南太平洋群岛、美洲热带地区
花　期：5~8月
上市时间：1~2月、4~11月／鲜切花为全年
用　途：鲜切花、盆栽

**特点**　叶片与芭蕉叶相似，船形的花苞色彩鲜艳，十分美丽，主要以进口鲜切花的形式流通。有长约30厘米的花穗下垂的大型品种金嘴蝎尾蕉、花茎直立生长的小型品种红鸟蕉等，色彩和形状的变化丰富。

**养护**　从春季到秋季放在日照充足的室外。盛夏移至半阴处，大量浇水。冬季放入室内，温度保持在15℃以上。

金嘴蝎尾蕉

红鸟蕉

# 尾萼兰属 ◆◆◆◆❀

*Masdevallia（Masd.）*

兰科／附生兰

原产地：**中美洲、南美洲**
花　期：**全年⊖**　　上市时间：**3~4 月**
用　途：**盆栽**

(特点)　小型附生兰，花形独特，密密麻麻生长的叶片呈匙形，花柄顶端开有 1 朵可爱的花。开着从直径约为 10 厘米的大花到 2 厘米的小花，花色、花形丰富。通过杂交培育出了耐热的品种。

(养护)　一年四季都要透过蕾丝窗帘晒太阳。夏季可在凉爽的树荫下种植杂交种。冬季温度要保持在 10℃以上。

尾萼兰"红色巴隆"

尾萼兰"玛丽·斯塔尔"

# 木百合属 ◆◆◆◆

*Leucadendron*

山龙眼科／半耐寒性常绿小灌木或乔木　　别名：**非洲郁金香**

原产地：**南非（开普地区）**
花　期：**5~7 月**　　上市时间：**鲜切花为全年**
用　途：**鲜切花、干花**

(特点)　有许多种类以进口鲜切花的形式流通。雌雄异株，直立生长的枝条上有许多包裹枝条的细长叶片，雄花、雌花都被深红、绿色、黄色等美丽色彩的苞叶包裹。还有形似松果的品种。

(养护)　鲜切花一般选择松果状的花朵中较硬的品种。不耐过度湿润，这点需多加注意。

木百合"银色芯片"

晚霞木百合

# 阿米芹 ◆◆◇◆

*Ammi*

伞形科／耐寒性一年生草本植物、多年生草本植物　　别名：**阿迷芹**　　花语：**细腻的感情**

原产地：地中海沿岸
花　期：3~4 月
上市时间：2~4 月、10~11 月／鲜切花为全年
用　途：鲜切花、地栽、盆栽

**特点** 经常用作鲜切花。细长的茎末端开着娇艳的花朵，看起来像一把把遮阳伞。市面上有白阿米芹、蓝阿米芹、粉阿米芹，但外观各不相同。最近也有盆栽流通。

**养护** 白阿米芹需种植在日照充足的花坛中，盆栽的蓝阿米芹则应放在日照充足的室外，避雨管理。

蓝阿米芹（翠珠花）

白阿米芹（大阿米芹）

---

# 迷迭香 ◆◇◆ 叶 ◗

*Rosmarinus*

唇形科／半耐寒或耐寒性常绿灌木　　别名：**海洋之露**　　花语：**你让我醒来**

原产地：地中海沿岸
观赏期：全年（花期是 9 月～第二年 6 月）　　上市时间：全年
用　途：盆栽、地栽、香草

**特点** 整个植株都有香气，作为药草、香料等使用，用于消除异味等，利用范围十分广泛，深受欢迎。迷迭香有匍匐型、半匍匐型等品种，开出粉色、蓝色、白色的小花。

**养护** 放在日照充足和通风良好的地方，不喜高温多湿，夏季要避雨和避免西晒，保持一定程度的干燥。从第二年开始可以收获，要注意的是如果经常从枝头收获，便无法长出花芽。

上／迷迭香（匍匐型）
左／迷迭香（直立型）

# 索 引

## 寻找想认识的花

Original Japanese title: MOCHIARUKI! HANA NO JITEN 970 SHU SHIRITAI HANA NO NAMAE GA WAKARU

Copyright © 2014 by Hatsuyo Kaneda, Yoichiro Kaneda

Original Japanese edition published by Seito-sha Co., Ltd.

Simplified Chinese translation rights arranged with Seito-sha Co., Ltd. through The English Agency (Japan) Ltd. and Eric Yang Agency, Inc

本书由株式会社西东社授权机械工业出版社在中国境内（不包括香港、澳门特别行政区及台湾地区）出版与发行。未经许可之出口，视为违反著作权法，将受法律之制裁。

北京市版权局著作权合同登记　图字：01-2019-6626号。


图片合作 —— 濑藤敏行　隅田雅春　长塚洋二　金田一
摄影合作 —— 滨崎雅子　紫竹Garden　Flower Hill花园
插　　图 —— 谷川纪子
设　　计 —— 八木孝枝（株式会社 STUDIO DUNK）
协助编辑 —— TANDEM（荻原秀子）


**图书在版编目（CIP）数据**

身边常见的970种花卉识别速查图鉴 /（日）金田初代著；夏雨译. — 北京：机械工业出版社，2021.12
ISBN 978-7-111-69117-4

Ⅰ.①身… Ⅱ.①金… ②夏… Ⅲ.①花卉 - 识别 - 图集 Ⅳ.①S68-64

中国版本图书馆CIP数据核字（2021）第184658号

机械工业出版社（北京市百万庄大街22号　邮政编码100037）
策划编辑：高　伟　周晓伟　责任编辑：高　伟　周晓伟　刘　源
责任校对：王　欣　责任印制：张　博
中教科（保定）印刷股份有限公司印刷
2021年11月第1版·第1次印刷
145mm×210mm·11印张·2插页·223千字
标准书号：ISBN 978-7-111-69117-4
定价：88.00元

电话服务　　　　　　　　　网络服务
客服电话：010-88361066　　机　工　官　网：www.cmpbook.com
　　　　　010-88379833　　机　工　官　博：weibo.com/cmp1952
　　　　　010-68326294　　金　书　网：www.golden-book.com
封底无防伪标均为盗版　　　机工教育服务网：www.cmpedu.com